Guseynov A.A.

Problems of Ethics

Translated by Baichun Zhang

STANDARD PUBLICATIONS INC.
2018

Гусейнов А.А.

Проблемы философской этики

哲學倫理問題

古謝因諾夫 著
張百春 譯

STANDARD PUBLICATIONS INC.
2018

Cover design: Dmitry Romanov, Desanka Dzodzo
Layout editor: Dmitry Romanov, Desanka Dzodzo
Production editor: Dmitry Romanov, Desanka Dzodzo
封面設計：德·羅曼諾夫、李雯
排版編輯：德·羅曼諾夫、李雯
產品編輯：德·羅曼諾夫、李雯

Copyright © 2018 by Prof. Bai Chun Zhang
Prof. Bai Chun Zhang
Beijing, China
版權所有者: 張百春教授
張百春教授
中國, 北京

All rights reserved. No part of this book may be reproduced, stored in a retrieval system or transmitted, in any form or by any means, electronic, mechanical, photocopying, recording, or otherwise, without prior written permission from the publisher.

The author, translator and publisher of this book make no warranty of any kind, express or implied. The author or publisher shall not be held liable in any event for incidental or consequential damages in connection with, or arising out of, the furnishing, performance, or use of this information.

版權所有、翻印必究。 未經出版商事先書面許可，不得以任何形式或任何方法（電子、機械、影印、錄製或其他方式）複製本書的任何部分，或將其存儲在檢索系統中或傳播。

本書的作者、譯者和出版商不作任何明示或暗示的保證。 在任何情況下，作者或出版者均不承擔因提供、執行或使用此信息而引起的偶然或間接損失的責任。

ISBN: 978-1-61742-001-6
　　　978-1-61742-002-3 （e-book / 電子版）

作者簡介

古謝因諾夫（А.А.Гусейнов，1939年生）：當今俄羅斯科學院哲學領域四大院士之一，世界著名倫理學專家，曾經擔任哲學研究所所長（2006-2015），莫斯科大學哲學系倫理學教研室主任，是現代俄羅斯非暴力倫理學學派創始人。1956-1961年在莫斯科大學哲學系學習。副博士論文題目是《道德起源的條件》（1964），博士論文題目是《道德的社會本質》（1997）。1965年開始在莫斯科大學哲學系任教。1970-1971年在德國進修，1978-1980年應邀在德國柏林洪堡大學任教，講授《倫理學史》課程。1987年調入俄羅斯科學院哲學研究所工作至今。1994-2005年任俄羅斯科學院哲學研究所副所長，2006年至2015年任所長。1997年被選為俄羅斯科學院通訊院士，2003年被選為俄羅斯科學院院士，成為倫理學領域唯一一位院士。主要著作有《道德的社會本質》（1972），《道德的黃金法則》（1979，後多次再版），《斯多葛學派的倫理學：傳統和現代》（1991），《語言與良心》（1996），《哲學，道德與政治》（2003），《道德中的絕對觀念》（2004），《否定倫理學》（2007），《哲學：思想與行為》（2012）等。與德國學者伊爾利特茨合著《西方倫理學史》（1987）被翻譯成中文出版（1992）。《非暴力倫理學》輯刊主編，《哲學雜誌》主編，《倫理學百科詞典》（2003）主編，《新哲學百科全書》（2000-2001）副主編。

目錄

作者前言	9
第一章 科學與宗教之間的哲學	12
第二章 哲學與倫理學:古希臘的教訓	31
第三章 作為實踐哲學的倫理學	54
第四章 康德之前和之後的倫理學	77
第五章 托爾斯泰的理性信仰	96
第六章 作為理性界限的道德	116
第七章 我應該不做什麼?	144
第八章 道德的黃金規則	169
第九章 哲學是文化的烏托邦	198

Проблемы философской этики

Предисловие

Глава 1. Философия: между наукой и религией

Глава 2. Этика как практическая философия

Глава 3. Философия и этика: уроки античности

Глава 4. Этика до Канта и после

Глава 5. Разумная вера Л.Н. Толстого

Глава 6. Мораль как предел рациональности

Глава 7. Что я должен не делать?

Глава 8. Золотое правило нравственности

Глава 9. Философия как утопия для культуры

作者前言

有很多原因使得哲學倫理學研究具有現實意義，其中最明顯的一個原因是倫理學知識自身發展的邏輯。從20世紀下半葉開始，在西歐的倫理學裡，以及稍晚些時候在俄羅斯倫理學裡，發生了向應用問題的轉向。不但如此，還形成了應用倫理學知識的分支體系（生物醫學倫理學、商業倫理學、生態倫理學、科學倫理學等），每個分支體系都有自己的方法，自己的內容和在實踐上突出的問題。應用倫理學變成了現代科學知識和社會實踐中有需求的，快速發展的領域。

在我看來，最尖銳地提出來並要求解決的問題如下：是否可以認為哲學倫理學是應用哲學，或者，它有非常大的理論意義，但其在應用倫理學中的規範綱領是古老的，如同舊自然哲學之於現代自然科學。道德絕對主義和個性自治的觀念是否還有自己的意義，或者每一次都要重新提供的倫理應用決策的具體性和技術性使得它們變成虛構和多餘的。如果倫理學成為應用科學，並以這個身份成為相應的具體知識領域的組成部分（生物醫學倫理學屬於醫學，科學倫理學屬於科學學，生態倫理學屬於生態學等），或者，除了哲學權限之外，至少還要求相應具體領域的專門知識，那麼，倫理學能否還保留其在哲學裡的位置，就是古希臘羅馬時期已經獲得確立的那個位置，即倫理學是哲學的不可分割三個方面之一。

回答這些問題的嘗試是最近十五年裡我的學術興趣的焦點，也是當代俄羅斯倫理學爭論中的一派觀點。在本書裡呈現的這派觀點可以非常簡單地概括如下。

哲學是在人類追求完善的背景下產生的，它把人類完善與理性活動聯繫在一起。作為理論，作為一種認識類型，哲學也是一定的生活方式。根據這種理解，倫理學不僅僅包含在哲學裡，而是其核心。相應地，道德進入哲學具體領域，首先和主要是作為理性的界限。在道德的實踐應用中，在道德規範要求的絕對性中，理性就會遇到這樣的界限。道德是活動範疇，它所固有的哲學上有依據的理想規劃和應當的規則將獲得一種實在性，這個實在性就是對個性自治的表達，是人的個體負責任的存在形式。從這個觀點看，道德禁忌將獲得頭等重要的意義，這些禁忌與以肯定方式提出來的一般規範的區別是，不需經過中間環節和附帶的具體化，它們就可以直接地過渡到行為。是否遵循這些禁忌，完全由行為主體掌控。就道德提出的行為界限的絕對性而言，在人所不做的事情裡可以呈現出道德來。哲學倫理學在多大程度上與道德絕對主義觀念相關，那麼，它就在多大程度上主要表現在否定倫理學的形式裡。

最後，我的書將以中文出版，我想表達一種特殊的激動心情，因為差不多有十五億人在講這種語言。為了這個難得的和幸福的機會，我要感謝本書的編者和譯者張百春教授。

古謝因諾夫

А.А.Гусейнов

第一章 科學與宗教之間的哲學

作為一門最抽象的科學,哲學位於知識的邊界上。由此就有人嘗試通過指出哲學不是什麼來表明它的特徵。巴門尼德就曾說過,"否定的定義適合於開端和界限"。[1]在考察哲學的對象時,最困難和最重要的任務正是指出界限,在哲學與科學之間,以及哲學與宗教和神學之間劃出分界線。羅素稱哲學是位於科學和神學之間的無主之域。[2]這個論斷是回避哲學定義中的困難的典型例子。它也表達了問題的實質,即哲學擁有二位一體的本質:哲學的一個部分與科學接近,它的另外一個部分與宗教接近。哲學訴諸於理性,是關於世界的特殊類型知識,這就使得它與科學接近。與此同時,哲學是對待現實的一種特殊類型的實踐態度,是一種生活方式,是信念(убеждение, верование),哲學研究價值論的問題,這些問題屬於選擇,而不屬於知識,這一點又使得哲學與宗教和

---

1. Фрагменты ранних греческих философов. Москва, 1989.C.278.

2. 罗素:《西方哲学史》,上卷,何兆武、李约瑟译,北京:商务印书馆,1976年,第11页。

神學接近。

1·可以把各種各樣的哲學定義置於上述兩個極端之間。索洛維約夫寫道:"我們首先碰到的是關於哲學的兩個彼此不同的概念:根據前者,哲學**只是**一種理論,**只是**學院的事業;根據後者,哲學多於理論,主要是生命的事業,其次才是學院的事業。按照第一個概念,哲學**純屬**人的認識能力;按照第二個概念,哲學既符合人的意志的最高追求,也符合人的情感的最高理想……"[1]索洛維約夫自己的出發點是完整的人和完整知識的理想,完整的人是指其認識、意志和情感能力的統一,完整知識是指其理論、道德和美學等方面的統一。撇開索洛維約夫的具體學說,應該承認,他在下面一點上毫無疑問是正確的:對哲學而言,對理解哲學的特殊性而言,哲學的獨到之處不在於對待世界的認識和理論的態度,也不是對待世界的實踐和價值的態度,而是它們的統一、聯繫、綜合。尋找這種聯繫的適當形式就是哲學自身的事業,是其主要的努力方向,這種努力使得它與其近鄰——

---

1. 索洛维约夫:《完整知识的哲学原理》,见索洛维约夫:《西方哲学的危机》,李树柏译,杭州:浙江人民出版社,2000年,第196页。译文有改动。

科學與宗教區別開來,並決定著與它們之間關係的特徵。

經常向在哲學領域裡從事職業研究的人提出的最困難,也許是最令人不快的問題是,哲學有什麼用。

對這個問題通常的和最令人信服的答覆是,哲學教人正確地(邏輯上嚴格地,方法上一貫地,批判地,等等)思考問題。把哲學理解為認識的一個類型的那些專家們喜歡這個答案。作為道德學家的哲學家們對此做出如下補充,哲學教人正當地生活,制定正確的價值秩序。這兩個論斷都是正確的,但都不是典型的。

哲學當然教人正確地思考問題。某些學者甚至把哲學定義為關於思想的思想。然而,教人正確地思考的不僅僅是哲學。比如說,與哲學邏輯並列還有數學的邏輯。此外,每一門科學都是自己特有的一種思想訓練,經常不直接依靠哲學。

其次,哲學必然把倫理學納入到自己的內容之中,並把自己對世界的理解變成對倫理規範的行動綱領的制定(經常是推行)。哲學覬覦教人正確地生活。但是，教人正確生活的不僅僅是哲學，還有宗教倫理，而且，教人正確生活的首先是宗教倫理。存在著所謂的應用倫理。還有傳統上形成的，由習俗支撐的行為規範。存在著其他一些因素，針對什麼是正確的和正當的生活，這些因素可以使人形成習慣的觀念，並制定行為模式。在這方面，哲學的聲音既不是獨一無二的，也不是享有特權的。

哲學的獨特性不在於它研究思維規範，也不在於它制定正當生活的綱領。哲學的獨特性在於它把這兩個東西結合起來。哲學感興趣的是關於世界的這樣一種知識，它可以變成世人的行為，準確地說：這種知識對人而言擁有直接的生活指導意義。哲學涉及人生的道德、價值的內容，但只是在一定程度上涉及，即這個內容可以被理性地思考和理性地論證，並與旨在追求真理的認識相關聯，而且就來源於這種認識。存在的原初客觀的和終極目的的基礎也屬於哲學對象領域，但是，這兩種存在基礎之所以屬於哲學對象領域，僅僅是在人的理性負責任的存在方面，以及它們作為這種存在的因素。具體科學也在研究世界的原初基礎，比如說，它們研究宇宙的起源或者是有生命之物的基因基礎。與這些學科不同，哲學家感興趣的不是一般的世界，而是其中的"理性位置"，即存在的這樣一些原初基礎，它們只能被思考，致力於這些基礎是合理的行為方式的唯一正當依據。至於人的終極目的，尤其是其死後命運的問題，那麼它們構成宗教特別關注的領域。哲學之所以研究它們，是因為它們依賴於人自己的，由真知識決定的判斷和行為。一句話，哲學位於科學和宗教之間，它把在認識裡呈現出來的存在者的原初基礎與人生的終極目的結合在一起，這些終極目的是作為規範綱領而形成的。

2．通常認為，哲學這個詞是由畢達哥拉斯想出來的，其目的是為了表達至今依然被這樣稱呼的那種事業。他稱自己為哲學家（愛智者），或者說：他把自己僅僅是稱為哲學家，以區別于外號為智者的人（七大智者，七賢）。區分三種生活方式，即感性的、實踐的和直觀的生活方式，這種區分已經成為經典，也是由他做出來的。根據畢達哥拉斯的意見，在這個系列裡，最高的是直觀的生活方式；它是哲學家們所特有的，因此他們是最幸福的人。哲學不僅僅是作為一類新知識而產生的。它帶來了對生活的新理解，新的價值秩序。哲學直觀的生活方式不能等同於不做事。這種生活方式肯定一種特殊的活動形式，即思想的、認識的和理論的形式。

哲學曾經把下面的這種生活行為當做具有自身價值的生活形式，它以正確的判斷為基礎，並且可以在理性面前獲得證明。這是整個古希臘哲學的共同信念，而不僅僅是其與蘇格拉底的名字聯繫在一起的那個學派，儘管在這個學派裡，該信念獲得了最為徹底的表達。這個信念也是亞里士多德、伊壁鳩魯和斯多葛派所固有的。甚至倫理學上的各種享樂主義學派也都承認哲學的自身價值，儘管各派都有自己的風格。哲學把神的智慧（在其對人而言最大可能的程度上）與理性積極性聯繫在一起，這裡的理性是真知識的源泉，也是行為動機體系中的主導原則。

古代哲學家把哲學劃分為物理學、倫理學和邏輯學。這不僅僅是哲學的三個部分（方面）；它們（也）是古希臘哲學史的三個重要階段。古希臘哲學作為自然哲學開始，作為城邦倫理學發展，作為邏輯學結束。與這些方面的內容相適應，在哲學上完善的生活方式的主流也發生了變化：起初，完善的生活方式等同于自然哲學知識，然後從智者派和蘇格拉底開始，完善的生活方式等同于完善城邦形式的合理的生活組織，在亞里士多德之後的哲學裡，完善的生活方式等同于本來意義上的哲學智慧。

對於理解古希臘哲學的實質及其在人生中的特殊地位來說,新柏拉圖主義具有特別典型的意義。在普羅提諾那裡,哲學自身就是完善的人生實踐。這裡說的已經不是通過哲學作為中介來達到完善,哲學自身就是對完善的實現,是最高形式的幸福。他認為,不能把幸福與公開活動聯繫在一起,更不能與行為聯繫在一起。幸福"由心靈活動產生,心靈的實質是思維;幸福就是從這裡產生的"。[1]普羅提諾把自己的哲學當做是通向幸福的道路。現在已經清楚,需要行動,以便達到神聖的高度,就是說,需要成為普羅提諾意義和內容上的哲學家。普羅提諾的哲學包含在他所創造的世界圖景裡,而且是其頂峰,是唯一的道德上正當的生存方式。因此,哲學把自己看做是自滿自足的事業。它對世界喪失興趣,甚至是作為基礎的世界,就是使哲學自身存在成為可能的那個基礎。

3.後古希臘時代的哲學發展進入一個特殊階段,後來這個階段獲得的名稱是中世紀的階段。這個發展與宗教和神學有著實質性的聯繫。它們之間的

---

1. *Плотин*. Эннеады. Киев, 1996. С.30.

關係在整體上可以用這樣一個說法來描繪，即哲學處於對神學的服從地位。即使不同意對中世紀哲學的這個被普遍接受的，已經定型的評價，即它是神學的婢女，那麼下面的情況也是毫無疑問的，在那個時代，在它們之間的關係上，佔據首要地位的正是神學，哲學依附於神學。哲學成了宗教性的哲學。它在聖經的框架內展開自己的內容，承認聖經的真理性被認為是正當的哲學認識的條件。

這裡就產生一個問題：為什麼哲學陷入到相對於神學的附庸地位？當人們在基督教框架下談論哲學與神學的相互關係時，通常關注的是，神學需要哲學的服務，以便用知識來補充信仰，用科學證明的語言來描述基督教啟示，因此，可以在社會意識裡更加穩定和可靠地鞏固這些啟示。這就可以解釋，神學與教會為什麼需要哲學。那麼，哲學為什麼認同了這個角色呢？哲學讓知識服務於宗教信仰，它是否背叛了自己呢？事實上，哲學處在附庸於神學的地位，接受賦予給它的服務角色，這裡有其自己的原因。古希臘哲學自然而然地死亡了。529年查士丁尼下令關閉雅典學院僅僅是對這個事實的確認而已。

哲學給自己下了判決書，因為它拒絕了自己成為智慧學校的使命，用知識照耀通向道德上應當的生活道路的使命。它沒有了自己的對象，也沒有來自社會的關注，甚至沒有了嘲笑形式的那種關注。因此，後古希臘哲學只有在這樣的形式下才有可能，即它可以提供新的具有普遍意義的烏托邦，對智慧以及通向智慧的道路的另外一種理解。哲學沒有能夠依靠自己的資源來解決這個問題。哲學在基督教裡找到了自己所缺乏的生命意義的原則。甚至可以準確地說，不是哲學找到了，而是它被找到了，因為中世紀哲學與宗教的共生首先是作為來自宗教方面的運動而形成的，確切地說是來自於教會方面，教會一方面是作為教義而形成，另一方面也是作為宗教建制而形成，它因此也把自己的權力擴展到精神領域。

基督教及其死後報應和天堂幸福的烏托邦對哲學而言具有拯救意義。哲學在基督教裡為自己的認識意願找到了用武之地和意義。通過教會，哲學走出自我封閉狀態，作為具有重要意義的精神力量而返回到社會裡。因此，哲學處在相對於神學的服從地位的說法是不完全準確的，至少是不完整的。哲學與神學結伴而行。在中世紀思維的框架內，神學是對哲學的烏托邦式的延續。神學負責全部這樣的問題，它們決定了哲學的道德動機和最高道德使命，把精神服務功能留給了哲學。可以簡單地說：關於能夠提供人的永生前景的活動意義與目的問題落入神學的權限，關於人的能力所及的達到這些目的的手段問題落入哲學的權限。如果從古希臘關於哲學三層結構的觀念出發，那麼形而上學和倫理學，在很大程度上還有物理學，都陷入到神學的主導管轄範圍（哲學的研究前景在這裡嚴格地和直接地受制於宗教教義），邏輯學幾乎成為了哲學的同義詞。哲學家成了經院哲學家。

在中世紀思想裡，哲學與神學的相互關係顯然沒有局限於上邊說的情況裡。這些關係是非常豐富的。我們在這裡只強調指出一個非常重要的方面：在歐洲中世紀社會意識體系裡，哲學所佔據的地位與古希臘時代不同，這種情況主要依賴於哲學在滿足人們的精神需求時發揮什麼樣的作用，這些精神需求與最高目的和價值，對生命完善形式的探索相關。如果在古希臘，哲學家呈現為這樣的人，他怡然自得地處在與自己相稱的精神狀態裡，無論是亞里士多德的第一幸福論，伊壁鳩魯的無感論，還是斯多葛派的冷淡論，那麼現在，哲學家則以有學問的經院哲學家形象出現。

4．近代哲學指向理性，指向認識自然界，指向實驗，它主要是作為科學方法論而存在。哲學的新地位依賴於這樣一點，如果在前一個時代哲學與神學相伴，那麼現在哲學與科學處在最緊密的聯盟之中。更為重要的一點是，哲學與科學的聯繫的特徵自身完全是另外一個樣子。宗教和神學按照自己的規律產生和存在，這些規律很少依賴於哲學：無論誰以什麼樣的方式證明，古希臘哲學包含了一神論的前提，並引向一神論，那麼毫無疑問的一個事實是，無論摩西，還是耶穌基督，都與古希臘哲學沒有任何關係，前者（摩西）生活在古希臘哲學產生之前很早的時代，後者（耶穌）如此遠離古希臘哲學，甚至沒有聽說過它的存在。至於說科學，那麼它是通過哲學而產生的，其某些實質性的部分都是從哲學內部產生的。這個時代很多著名哲學家，比如笛卡爾、萊布尼茨、康德，也都是著名科學家，而科學家們認為自己的研究是哲學研究。

哲學位於現代科學的根源，[1]它是現代科學的理

---

1. 在斯焦賓的著作《理論知識》裡給出了對哲學與科學關係的具體的、歷史上展開的分析，特別是在第一、三、四章裡（莫斯科，2000年版）；在這本書里區分了科學發展的三個階段：1）數學；2）具體科學，首先是自然科學；3）技術科學。近代科學開始於第二個階段。

論恩准和精神基礎。第一，哲學論證這樣一個觀念，即自然界是終極現實，因為它在自身中包含自己的原因，服從不變的（誰也無法改變的）規律。第二，哲學制定出科學方法的觀念，即科學方法是通向知識的一般道路，所有人都適用的道路，因為人們擁有理性。第三，哲學勾勒出社會進步的前景，社會進步不僅能夠解決經濟和社會問題，而且還能賦予生活以科學地組織起來的形式，這種形式可以實現人的無限潛能。總之，哲學把科學提高到活動層面上來，這種活動有能力實現人的具有生命意義的目的，而且這些目的在倫理意義上是終極完善的。如果這裡指的是科學的哲學形象，指的是科學借助於哲學而在人的生命活動體系中所佔據的位置，那麼可以說：科學成了對哲學的倫理價值論上的延續，這類似於在前一個時代，宗教與神學就曾經是對哲學的這種延續。

5・近代哲學開始於對知識的解放力量的信念。培根是近代哲學的奠基人之一，他寫了一本書《新工具》，與鼓舞了中世紀經院哲學的舊（亞里士多德的）《工具》不同，《新工具》指向認識自然界，指向實驗科學。他還寫了《新大西島》，它描繪了一個幸福的國家，在這裡，人們過著幸福生活，因為他們借助於科學而掌握了自然界的力量。馬克思在自己著名的關於費爾巴哈的第十一條提綱裡聲明說："哲學只是以不同的方式解釋世界,而問題在於改變世界"。在這裡,馬克思只是說出了一個簡單的道理,實現哲學理想的時刻到來了。對世界的改變可以讓世界達到其理想的、完善的狀態,這種改變恰好就是具有科學指向的哲學在倫理意義上的超級任務。

向近代的過渡被共產主義烏托邦所照耀,近代所固有的進步意識則受到啟蒙理想的鼓舞。如果可以把20世紀看作是近代終結的話,那麼近代終結的標誌是反烏托邦。歷史的諷刺就在於,正是在現實裡獲得實現的烏托邦理想變成了反烏托邦。毫無疑問的,具有重要哲學意義的事實是這樣的。新的歐洲文明在掌握自然界力量,提高社會生產力以及生活的物質完善方面獲得了龐大的,非常驚人的成就,這些成就超越了過去的所有想像。但是,這並沒有使人們幸福。科學理性的成就沒有使得人類共同生存變得合理。物質進步沒有能夠克服社會衝突和精神道德的衰敗。總之,哲學寄希望於通過科學技術成就,借助於對生活外部條件進行理性上獲得證明的改造來達到人和社會的完善狀態,這個期望破滅了。

科學和技術取得了難以想像的成就，它們未來成就的規模肯定會更加龐大。科學技術可以做很多事情，可以做超乎想像地多的事情，但是，它們並不能拯救世界，這就是哲學在今天所遇到的真理，哲學開始意識到這個真理就是它自己的深刻錯誤。德勒茲（Делез）和迦塔利（Гваттари）在自己的著作《什麼是哲學？》裡寫道，"哲學和科學走著對立的道路"。[1]這個論斷的如此嚴厲的表述形式未必是可以接受的，但是，其中所包含的大部分真理是存在的。哲學開始意識到，它不能把自己道德的，精神解放的使命轉嫁給科學。

6．哲學在今天重新處在十字路口上，這是因為必須要為把哲學的兩個最重要方面——認識論和價值論的方面結合起來找到新的基礎。如果中世紀哲學與神學聯盟的經驗終結於這樣一個意識，即解決倫理價值問題不可能僅僅是信仰的事業，還要求以牢固的知識和積極的改造世界的活動為基礎，那麼，在近代以科學為基礎，並與科學處於緊密聯盟之中的哲學的發展導致的結論是，僅僅在認識和技術進步的框架內，

---

1. *Делез Ж.*, Гваттари Ф. Что такое философия? Санкт-Петербург, 1998. С.162.

僅僅利用認識和技術進步的資源,倫理價值問題同樣也無法獲得解決。關於哲學從一個極端——宗教向另外一個極端——科學的這些歷史徘徊,善於觀察的施本格勒說得非常好:"哲學曾經是最具彼岸特徵的宗教的婢女,現在出現這樣一種感覺,哲學似乎希望成為科學,也就是成為對認識的批判,對自然界的批判,對價值的批判……哲學懸浮在宗教與專門學科之間,在每一種情況下都是按照不同的方式被決定的,這依賴于作者在自己身上是否擁有某種來自於聖徒和有預見能力者的東西,或者他是純粹的專家和技術思維工作者。"[1]

哲學家不是純粹的專家。哲學家也不是祭司。哲學當然不能不依賴於科學,不能不從科學的堅實基礎出發。但是,哲學也不能完全被容納於科學之中,如果哲學是科學,那麼也是在某種特殊的(廣義的,轉義的,哲學所特有的)意義上。哲學不能不在這樣的方向上運動、上升,在這裡,哲學必然要遇到宗教。但是,在這種情況下,哲學顯然不能成為宗教,順便指出,哲學之所以不能成為宗教,是因為哲

---

1. *Шпенглер О.* Закат Европы. Т.2. Москва: Мысль, 1998. С.319.

學以科學為基礎,感覺自己是與科學結論相關聯的。如果哲學不能被歸結為科學,因為哲學在宗教方向上運動,那麼哲學也不能成為宗教,因為它以科學認識為基礎。有這樣一些哲學學說,它們把自己看做是科學的,但是,它們並不是科學的,因為它們為此還缺少科學所必須的事實依據和可靠性。有這樣一些哲學學說,它們被稱為宗教性的,但是,它們也不是宗教性的,因為它們缺乏宗教所必須的悖論性、奧秘和奇跡。在嚴格的意義上,如果談的不是所指,而是問題的實質,那麼哲學既不能是科學的,也不能是宗教的。它只能是(應該是)哲學的。

哲學之所以是哲學,是因為它在科學實質與啟示奧秘之間的地帶工作,在自然界必然性和生命的神秘性之間工作。哲學完全是人的事業。它的使命是在自然界必然性框架內並通過這個必然性鋪設一條通向人的完善的終極高度的道路。在今天,這條路在哪裡經過,這就是當代哲學所面臨的問題。

並非所有的人都同意這個論斷。今天哲學探索的圖景是非常多樣化的。很容易找到這樣的專家,他們繼續相信科學的精神潛力,把自己的希望與科學技術發展的新階段聯繫在一起,比如與完善人的本質的前景聯繫在一起。哲學思考的另外一個越來越流行的趨勢，尤其是在我國，與這樣一些嘗試有關，即嘗試為與神學的聯盟找到新的基礎和證據。前面已經提到過的後現代主義路線，就其積極的部分而言，可以把它理解為一種讓哲學改變方向的願望，即讓哲學指向藝術和文學，這一點在很大程度上決定了哲學的語言和主題。所有這些嘗試，就其具體的方案而言，可能都是非常有趣的，可能包含著有價值的哲學成就和發現。但是，作為一般的方向，它們都不符合客觀地向哲學提出來的那個挑戰，而且未必能夠促進哲學擺脫危機，走出精神上的十字路口。

我認為，今天的哲學已經不能靠科學、神學、藝術來隱藏和掩蓋起來。哲學應該向社會呈現自己，徹底意識到自己絕無僅有的責任。哲學可以做到這一點，如果它能夠回想起來，它不僅僅要為真理負責，而且要為同時也是義務的那種真理負責，並指明通向正當生活的道路，如果哲學在作為一種類型的認識的同時，還是一種生活方式。與此同時，這裡說的不僅僅是強化對倫理學的關注，而首先是，主要是整體上的哲學的道德動機和使命。

7．在談論哲學的使命時，還應該注意一個有關理解哲學對象的對立的選擇（另外一個對立選擇是認識-生活方式）。這個對立的選擇與哲學的主觀性有關。在這個問題上，對立的立場就在於，在一種情況下，哲學被看做是意識的社會形式，在另外一種情況下，哲學被看做是個體的意識形式。

黑格爾最簡明地和最嚴格地表述了第一個觀點，他認為哲學是被思想所把握的時代。[1]哲學正是從這個理解出發的，因為哲學在神學裡獲得延續，尤其是在科學裡獲得延續，讓自己依賴於它們。這就意味著，哲學的有效性不依賴於它自己，不依賴於進行哲學思考的個體，而是通過社會建制間接地表現出來，比如通過教會、科學、國家。根據另外一個觀點，哲學直接把自己封閉在個性的精神發展上。在哲學史上可以找到很多這種類型的定義。其中，尼采大概表述得最嚴厲："在哲學裡根本沒有任何非個性的東西……任何偉大的哲學恰好都曾是其創造者的自白。"[2]在這個理解中，哲學就把義務加在哲學家自

---

1. "哲學的任務是認識**存在的東西**，因為**存在的東西**就是理性。至於說個別人，那麼其中的每個人當然都是自己時代的產物；哲學也是在思想裡被認識的時代。"（Гегель Г. Философия права. М., 1990. С.55.）
2. *Ницше Ф.* По ту сторону добра и зла / Соч. В 2-х тт. М., 1990. С.244.

己身上了。確實,哲學家通常總是非常個性化地對待自己的學說,按照自己的道德前景對待自己的學說。[1] 然而,大概只有在古希臘時代,這個立場才是占主導地位的和具有重要歷史意義的哲學思考形式,那時哲學家們必然是在自己學說的道德責任的意義上來看待它們,並把自己的生活提升到哲學證據的水平上。

哲學的新形象,完整的和自足的形象,要求這樣一種綜合,即哲學的認識論和倫理價值論方面的綜合,這時,哲學將同時是社會意識和個體意識的形式。當哲學作為知識(表達在概念裡的時代)時,它同時將成為一種選擇(個性自律的形式)。這時,只有自律的,個性地形成的個體立場才能成為揭示該立場具有普遍意義的實質的具體形式。這就意味著,關於哲學的新質,新形象的問題與人的發展的新前景問題是一致的。

---

[1] 我舉個例子,這是兩個幾乎一樣的論斷,都是關於哲學家們自己的哲學對他們而言是什麼,這是兩個不同的,相距兩千年的思想家,即赫拉克利特和笛卡爾。赫拉克利特的一個著作片段是這樣說的:"我曾經尋找自己"(Фрагменты ранних греческих философов. М., 1989.С.194.)。關於自己那部已經成為哲學和科學的理性主義綱領的名著《論方法》,笛卡爾說道,他在寫這部書時,目的是要"研究自己,使用理性的全部力量,以便選擇我自己應該遵循的道路"(Декарт. Сочинения в 2-х томах. Т.1. М.,1989. С.256.)

第二章 哲學與倫理學：古希臘的教訓

哲學既是一種類型的認識，同時也是生活方式。如果把哲學理解為一種生活方式，那麼就可以獲得一個重要結論，即哲學在整體上有一定的倫理傾向和道德意義。

在當今俄羅斯學術界有一個觀念，在我們大學的倫理學課程裡也在貫徹這個觀念，它認為倫理學是一個單獨的哲學學科，是哲學的一個部分，與哲學的其它部分並列。作為關於道德的科學，倫理學是哲學的一個部分，這個論斷當然是正確的。但是，我們認為這一點並不能窮盡哲學的倫理道德方面。因為哲學自身在整體上，以及哲學的所有部分，都具有道德倫理指向。下面我們通過古希臘哲學的例子來揭示和展開這個思想。

哲學是如何產生的，為什麼產生？這裡指的就是通常所謂的作為人類活動的一種特殊文化活動領域的哲學。對這個問題的一般答案是，哲學是由於認識上的需求而產生的，比如克服對世界的神話理解的局限性、虛構性。一方面，哲學延續在日常意識和神話裡所包含的關於世界的基本觀念、知識，與此同時，另外一方面，哲學之所以需要，是為了克服在日常意識和神話裡所包含的有限的解釋，歪曲的觀念。哲學的確否定了神話思維的語言和結構，但與此同時，它也在回答神話借助於自己的手段嘗試回答的那些問題。

當我們談到哲學的時候，應該區分兩個問題，第一，什麼是哲學，第二，哲學為什麼能夠產生，以及為了什麼而產生，即它的使命和功能是什麼。第一個問題的答案非常明顯，因為哲學可以提供一種與神話不同的、完全新的、另外的東西。如果我們提一個問題，哲學為了什麼而產生和存在，那麼在這裡，哲學與神話有很大的相同之處。在古希臘，在哲學產生之前是一個所謂的英雄主義時代，這個時代記載於荷馬、赫西奧德和七賢的作品裡。

在這裡，當然首先應該提到的是荷馬，他是《伊利亞特》和《奧德賽》的傳奇式作者，關於他，柏拉圖說道：他教育了整個希臘。在一定意義上，可以說，他不但教育了整個希臘，而且也教育了整個歐洲，他也獲得了世界的知名度。

荷馬重建了那個時代的英雄形象，描述了那個時代的氛圍和精神,重建和描述了這些英雄們展示出來的對待世界的態度。英雄是個特殊的存在物。當我們談到英雄們時應該注意到,他們出現在世上是人與諸神聯姻的結果。比如,古希臘最著名的英雄赫拉克勒斯被認為是宙斯的兒子,《伊利亞特》裡的主人公阿基裡斯被認為是女海神忒提斯之子,等等。所有的英雄,他們的父母或祖父祖母中有一位是神。人們認為,諸神和英雄始終保持著相互關係。比如,諸神保護英雄們的生活,提示他們做什麼。英雄們希望成為和諸神一樣的,因為他們知道自己有神的來源,他們也想到奧林匹斯山上去,諸神就在那裡居住。

儘管英雄們的父母雙方一方是神,另一方是人,但是,英雄們把自己等同於神,用現在的話說,把自己認同為諸神,想成為神。然而,他們卻不能成為神,因為有一個他們無法克服的障礙,就是這樣一個事實:他們是有死的。諸神是沒有死亡的,但是,這些英雄們是有死的。這是個深淵,英雄們無法跨越它。甚至諸神都沒有辦法使得英雄們成為不死的,這超出了他們(諸神)的力量,因為古希臘諸神也不是無所不能的,在他們之上還有一個更高的東西就是命運。

於是，英雄們就開始想，如果他們在肉體上無法與諸神等同，躋身于永生者的行列，那麼為什麼不能在自己的事業上與諸神類似呢？在自己的事業上成為配得上諸神的，這是英雄們的主要方針，也可以說，這是構成他們道德氣質的東西。

那麼，在自己成為類似于諸神的追求中，英雄們所做的事業是什麼？他們應該展示出來什麼樣的特質，什麼樣的行為類型？首先是勇敢。勇敢表現在他們克服面對死亡的恐懼。如果死亡是英雄們通向諸神道路上的肉體上的障礙，那麼，他們就這樣行事，在道德意義上，死亡不再是阻礙的條件。比如荷馬《伊利亞特》的主人公阿基里斯，把他與所有其他人區別開來的突出特徵是：他是最勇敢的人。

英雄們應該展示的事業的另外一個特徵是偉大。他們應該幹偉大的事業，這是其他人、普通人無法幹的事業。

把自己與其他人區別開，做更大的事業，這是英雄們的重要方針之一。在自己對偉大事業的追求中，英雄們直接執行諸神的意志。在荷馬那裡，諸神與英雄們的關係是很有意思的。英雄們所做的一切，都是由諸神暗示的，諸神告訴他們應該做什麼。但與此同時，英雄們所做的事情也是他們自己願望、欲望和心理的表達。英雄們行為的一個重要特點是，諸神吩咐英雄們做的事情與英雄們自己想要做的事情是一致的。

最後，英雄們還有一個重要方針和特點是愛慕榮譽，榮譽感。他們渴望自己得到榮耀，使自己名垂青史，希望人們為他們唱讚歌，等等。在荷馬那裡有這樣一個片段，阿基里斯在一場決定性的戰役前夕，面對一個抉擇，諸神對他說，如果你參加這場戰鬥，那麼你不久就會戰死在疆場，但是，你的榮譽將獲得長久保留。如果你不去參加這場戰鬥，那麼你可以回家，還有很長的生活等著你。這就是阿基里斯所面臨的抉擇。阿基里斯做出了自己的選擇，他為了榮耀，選擇了短暫的生命，而不是長久但卻沒有榮耀的生命。

英雄們的主要方針，他們行為上的典型特徵是勇敢，追求被承認是勇敢的人。荷馬所描寫的英雄是高尚的階層、貴族，他們是國王，部落首領。

在對古希臘神話進行系統化方面做出貢獻的另

外一個人是古希臘作家是赫西奧德。他的一部史詩是《工作與時日》，描寫的是農民，他們不是荷馬所描寫的貴族，相反，這是些普通人。赫西奧德在這部史詩裡歌頌的主要價值是工作與公正。其中的一個片段是，赫西奧德有個兄弟叫佩爾西斯，他們一起獲得了父親的遺產。但是，佩爾西斯買通法官，通過欺騙手段攫取了兄弟赫西奧德應該獲得的那部分遺產。佩爾西斯把自己的家產都揮霍了，而且沒有幹什麼好事，山窮水盡之後又找到赫西奧德。赫西奧德的這部史詩就是對佩爾西斯的訓導，講述的是成為公正的人，不公正總是要遭到懲罰的。

如果說到赫西奧德訓導的道德意義，那麼這些訓導可以歸結為這樣一些要求：遵循法律，成為公正的人，靠自己的勞動生活，不去偷盜別人，總之，一切都圍繞公正轉。

最後，在哲學之前還有一個重要階段，就是所謂的古希臘七賢。一般認為，實際上賢者多於七個，有不同的說法，有人甚至認為有二十多位賢人。不同的人認為賢者的人數是不同的。但是，七這個數字具有神秘意義，所以人們常說七賢。在關於七賢的所有不同的名單裡，都要包含泰勒斯，他同時還是第一位哲學家。一般認為,這七賢是實際上存在過的人,是歷史人物,他們的名字為人所知,人們還知道他們都到過哪裡,做過什麼事情。他們作為賢人對我們而言之所以重要,首先是因為他們強調理性在採取正確決定時的重要作用。比如,有兩句名言據說是七賢說的,這兩句名言是希臘智慧裡最重要的東西:"不要過度","認識你自己"。這是兩個概念,兩個方針。一方面是度、節制,就是呼籲要克制自己,控制自己的欲望,另一方面要求成為理性的,遵循知識,而不是依靠虛構的東西,成為有智慧的。這兩個方針對七賢而言是關鍵的,它們被記錄在七賢的文本裡。這是什麼樣的文本呢?就是剛提到的兩個句子那樣的簡短警句。

我們看到,在哲學時代之前,在哲學產生之前,在希臘人的意識裡就形成了道德規範,它突出了人的這樣一些特質,它們後來被稱為主要美德。根據古希臘人的觀念,包括哲學家們的觀念,在人的道德美德中間,有四個被認為是最重要的:勇敢(мужество)、節制(умеренность)、智慧(мудрость)、正義(公正,справедливость)。因此,在社會意識裡有對最好的、完善的生活的追求,就是借助于英雄的理想,神話提供了自己對這個問題的答案。因此,這裡已經存在了對完善和美德的生活的追求,哲學就在這個追求的框架內產生,在古希臘,人們實踐這種追求。哲學家們帶來的新東西就在於,他們把美德的生活與人的理智能力聯繫在一起,與人對知識的追求聯繫在一起。如果英雄們認為,可以通過勇敢,身體上的勇敢,借助於力量來達到完善,那麼,哲學家們堅持另外一個觀點,即完善的手段是理性。當然,對英雄們而言,理智能力,演講的才能也是有意義的,但是,對那個時代的英雄們而言,它們不是主要的、決定性的。

在公元前6世紀,在希臘城邦裡出現了哲學家,他們引起人們的驚訝,首先是因為他們思考抽象的問題,這些問題看上去與人們的普通生活事業沒有任何關係。比如,天是怎麼構成的,什麼是生活中最重要的東西,等等。然而,在這些人身上不同尋常的不只是他們思考這些看上去是人們所不需要的抽象問題,而是他們認為這些問題對自己而言是比日常生活中其他事情更加重要的。令周圍人驚訝的是,他們不看重普通人所看重的東西。對其他人給予很高評價的東西,他們卻給出很低的評價。他們很輕易地就可以放棄自己的權力，賣掉自己的全部財富，這些事情在他們的行為裡都有。與此同時，他們對這樣一些東西的評價卻很高，從一般人的觀點看，它們沒有任何意義。比如，七賢的突出特徵是他們認為理性發揮巨大的作用，把理性看作是解決實際任務的重要手段，認為認識、知識有巨大的作用。他們把思想的、理性的活動，認識活動看作是最重要的活動，看作是價值自身。此外，在他們看來，並非哲學為了什麼而存在，比如為了保證財富，或者為了其他什麼目的，相反，其他一切都為了哲學而存在，哲學才是最高的、最重要的東西。這樣，正在產生的哲學為通向人的完善的新的、更為正確的道路而鬥爭，通過這條路，人們可以滿足自己對幸福的追求。

現在我們看看，哲學是如何嘗試達到這個目的的，哲學在古希臘的命運如何。根據古希臘人的觀念，可以把哲學劃為三個部分：物理學、邏輯學和倫理學。這個劃分不是在哲學的最開始時就出現的，而是在柏拉圖學園之後在術語上才徹底形成，是由斯多葛派最終清楚地劃分的，但這不重要。重要的是，在術語上徹底形成之前，哲學的這個三分法的觀念從一開始就有，而且對那個時代的哲學觀念是非常重要的。

在歐洲哲學兩千多年的歷史過程裡，哲學知識越來越寬泛，哲學內部又區分出很多各類觀念，存在很多不同的哲學知識領域，哲學知識的劃分越來越細。在大學哲學系，比如在莫斯科大學哲學系，有十多個教研室，這是些不同的哲學科目，不同的哲學知識領域。比如在世界哲學大會上，有幾十個不同的分會場，它們也都意味著不同的哲學知識領域。儘管後來哲學生活有如此豐富的、詳細劃分的圖景，但是，在古希臘奠定基礎的對哲學的那種三分法，把哲學分為三個部分，依然是基礎性的。所有以後的劃分都是這三個基礎部分的延續，它們都沒有取代物理學、邏輯學和倫理學的這個基本的三分法。唯一的改變是，現在我們已經不再使用物理學這個概念，物理學的直接意思是與自然界有關，我們用本體論取而代之。

這個三分法為什麼是如此穩定的、基礎性的，對哲學而言可能是無法取代的呢？因為它涵蓋了人的存在的所有方面：理智方面、自然界和人們之間的相互關係。換言之，這個劃分包含了這樣一些領域：意識、必然性和自由。邏輯學為思想制定規範，物理學是通過這個規範來考察必然性領域，講述自然界是什麼。倫理學是通過思維規範來考察自由的領域。哲學的這三大領域在古希臘哲學裡都有呈現，但是，在不同階段上，這三大部分中的某個部分占主導地位。古希臘哲學是作為自然哲學開始的，最初的哲學家們所撰寫的主要著作都叫"自然界"。但是，哲學家們把對自然界的認識看作是對生活有最重要意義的行為。最初哲學家們所探討的基本問題是找到自然界的始源，就是這樣的基礎，它可以解釋自然界裡的所有事物，所有過程，但是，它自己是永遠不變化的。不同的哲學家提供了不同的答案。泰勒斯認為，世界的始源是水，赫拉克利特認為這樣的始源是火，阿那克西美尼認為是氣，還有的哲學家認為，這樣的基礎是某種假想出來的物質，等等。人們對於世界的始源問題給出了不同的答案，這樣的始源可以為整個世界提供秩序，但它自己是永恆的、能夠賦予生命的存在物。

可以假定，最初的哲學家們有一個看法，根據這個看法，如果人們能夠為世界找到這樣自然的、物質的謎底，如果他們能夠找到這樣的東西，那麼，借助於它，人們就可以解決自己的生活問題。比如，赫拉克利特認為，一切的基礎是邏各斯。邏各斯是言（詞）、理性，是個內容非常豐富的概念，但它同時也是火。他認為，可以用火來替換自然界中的一切，火是自然界裡永遠存在的一種東西，類似於在商品世界裡，一切都可以用金子來替換。作為哲學家，他研究什麼是邏各斯。同時，赫拉克利特寫過這樣一個片段：我尋找我自己。就是說，在研究火的作用時，在研究邏各斯時，他同時在尋找他自己，他想通過這種方式解決自己的問題。比如他認為，最好的人的心靈是乾燥的，是屬火的心靈。不好的人，或者是酗酒的人的心靈是潮濕的。他直接賦予這個自然現象，即火以行為意義，把人們的行為特質與之聯繫在一起。

關於他，有這樣一個歷史片段，可能是個傳說，但是很典型：在生命的最後，當他得了一種病，叫水腫（водянка），為了治病，他在自己身上塗抹上熱的大糞。結果他因此死掉了。他可能以為，大糞是熱的，可以治療他的病。就是說，他相信自己的哲學。

著名哲學家恩培多克勒也相信火的獨特力量。根據傳說，他跳進熾熱的火山裡結束自己的生命，希望通過這種方式走向永生。

古希臘以及後來所有時代的哲學的一個基本原

理是巴門尼德說出來的,他認為存在是存在的,非存在是不存在的。另外一個原理是:思想和存在是一碼事。被認為是二十世紀最偉大哲學家之一的海德格爾恰好就在研究巴門尼德的這個論斷,即存在是存在的。巴門尼德在史詩《自然界》裡提出自己的論斷,而且是在這樣一個情節裡提出的:一個青年人乘坐馬車上天,希望找到通向真理之路。正義女神迎接他,向他展示通向真理之路在哪裡,這條真理之路是什麼。作為向這位尋找真理之路的青年人的答覆,巴門尼德提出這條著名的原理。

這是古希臘哲學發展的第一階段,即自然哲學階段,就我們的主題而言,這個階段看上去與倫理學問題,生活方式問題沒有任何直接聯繫,但是,它實際上與倫理學的主題是相關的,因為自然哲學自身被看作是解決生活問題的一種可能,被看作是這樣一條路,通過它可以達到某種更加完善的存在,包括個人長壽的生活,如果不是永生的話。

然而,哲學家們沒有能夠找到這樣的不變的始源,它可以揭示人的生命的秘密,解決人的問題。假如他們找到了這個始源,那麼在最好的情況下,這可以解決人的自然存在問題,但根本不涉及人們之間相互關係的特點,以及人們所體驗到的危險。他們主要是把人看作自然的存在物,在這種理解的框架內,他們沒有能夠找到解決方案。這時開始了古希臘哲學的下一個階段,就是由智者派開始的那個階段。

針對哲學的對象,哲學的理解,智者派帶來的徹底改變是他們斷定,自然界的規律,以及人們根據它們而生活的規律,這兩者之間的差別是巨大的。一方面是自然界的必然性,另一方面是人的規則、規則、習俗,這是兩種不同的實在。這是智者派的發現。

文化這個詞是後來出現的,是羅馬人的詞匯,但我們可以用這個詞,說智者派在自然界和文化之間做出了區分。智者派認為,自然界和文化之間,自然界與人的規範之間的區分可以歸結為兩點。第一,在自然界裡,一切都是以必然性的方式發生的,一切都是不可改變的,但是,人的規範是隨意的。智者派著名代表安提豐(Антифон)舉個例子,如果我們把月桂樹的樹枝埋到地裡,就可以長出桂樹來。但是,如果我們把人們用桂樹做的凳子埋在土裡,那麼還會長出桂樹,而不是凳子。來自於自然界的都是必然的,來自於人的都是偶然的,人們用桂樹製造凳子,也許可以做劍，等等，總之，來自於人的東西都是隨意的。第二，自然界的規律到處都是一樣的，但是，人的規範在不同的地方是不同的。不同的社會，不同的人，不同的代，都會有不同的規範，它們是可變的。無論在哪裡，所有的人對於饑餓的體驗都是一樣的，但是關於什麼是善和惡的觀念是有差別的，而且非常大。

文化是超自然的實在。文化是人們有意識活動的結果，這個結果依賴於人們之間關係的特點。如何成為擁有美德的人，成為完善的人，就可以歸結為這樣一個問題：怎麼才能把人們的生活變成是完善的、擁有美德的。或者說，如何使得人們生活在其中的社會、國家或城邦成為完善的？

從智者派學說裡可以作出結論，人的美德依賴於他自己，人的美德還與度有關，與人們之間關係，共同生活的合理組織，城邦生活的合理組織有關。那麼，這裡就出現一個問題，什麼是美德呢？這個問題自身成了哲學思考的對象。所以，在這個階段，在哲學內部發生分化，倫理學成為哲學的一個特殊部分。這是個非常複雜的過程，我們在這裡只是勾勒出最重要的關鍵點，最一般、最簡單的形式。

蘇格拉底出現在智者派中間，與他們發生一場爭論。他的思路是這樣的：如果美德依賴於人，那麼就應該先知道什麼是美德。把美德解釋為知識，這是他的主要論點。美德就是知識，需要找到美德的概念，以便人們可以在自己的生活裡有意識地遵循它。蘇格拉底的思維進程是無可挑剔的。他的出發點是每個人都追求對自己而言更好的東西，追求成為有美德的人，但是，有人做出愚蠢的行為，那麼其原因是他們不知道好的、符合美德的行為是什麼。蘇格拉底認為，人不會有意地做惡，因為那將意味著他有意地、有意識地坑害自己，這是荒謬的。於是他研究美德概念，希望搞清楚這個概念來自於哪裡，構成美德系列的幸福、正義這樣的概念都來自於哪裡。他確認，一般而言，在我們所擁有的這個世界裡，根本沒有任何符合這個概念的東西，沒有這樣的經驗現實，在對它的反映裡有這些概念。因此，無法理解這些概念都從哪裡來。我們知道，這個問題屬於這樣一些哲學問題，它們伴隨哲學的整個歷史。構成美德系列的幸福、正義這樣的概念都來自於哪裡。

假如人自己是不完善的，那麼他從哪裡獲得了關於完善的概念？笛卡爾就提出過一個類似的問題，人是不完善的存在物，他從哪裡獲得關於上帝的觀念？第一個開始思考這個問題的人是蘇格拉底：人從哪裡獲得諸如正義、勇敢、美德等觀念的？我們在這個世界的任何地方都找不到它們。蘇格拉底無法回答這個問題。他提出自己非常著名的論斷：我知道，我一無所知。

關於蘇格拉底的命運眾所周知。他的學生，著名哲學家柏拉圖想出這樣一個思路，既然不能在我們的世界範圍內推導出這樣一些道德概念的存在，比如美德、正義、美等等，那麼就應該假定，有另外一個世界，它是這一切的根源。他構想和建立了自己著名的體系，即所謂的柏拉圖唯心主義。在這個體系框架內，他假定存在一個特殊的理念世界，相對於這個世界，我們的現實世界只是影子，是對理念世界的貧乏反映。現實的、真實的世界在另外一個地方，在天之外，在理智空間裡，如柏拉圖所說的那樣。柏拉圖的體系有個特點或不足之處，只有哲學家才能接觸到這個理念世界。當然，在這個基礎上，無法建立作為一門獨立學科的倫理學。這個工作是由柏拉圖的學生亞里士多德完成的。

亞里士多德第一個把倫理學構建成為一門獨立

的學科,是他創造了倫理學這個詞。這個詞出現在他的一部著作的名稱裡。我們可以把亞里士多德看作是歐洲哲學裡的倫理學學科之父。

柏拉圖是蘇格拉底的學生,亞里士多德是柏拉圖的學生,這是一條有承繼關係的發展線索。針對蘇格拉底和柏拉圖,亞里士多德作了兩個精確化,這就使得他得以建立倫理學。他指責蘇格拉底,因為後者認為人的行為依賴於他的知識、合理的推理。然而,亞里士多德認為,人的行為還依賴于人的心靈裡非理性的部分,也依賴於他的欲望、情感。針對自己的老師柏拉圖,亞里士多德也做出一個精確化。柏拉圖認為,在理念世界裡,善的理念處於核心地位。但是,亞里士多德強調,善的理念自身還不能向我們解釋什麼是善。對我們而言,重要的不是知道什麼是善自身,作為一個概念的善。重要的是知道,什麼是人的善。對符合美德的生活而言,必要的不是一般的善,而是可以實現的善。通過這一系列限制,亞里士多德建立了自己的倫理學,就是關於人的美德的學說。

亞里士多德的一般觀念的實質是,人的心靈有兩個部分,理性的與非理性的。只有當靈魂的非理性部分聽從理性的吩咐,如同小孩聽父親的吩咐那樣,這兩個部分才能處在正確的相互關係裡。亞里士多德給出兩個關於人的定義。第一個定義：人的理性的存在物，第二個定義：人是城邦的存在物，或社會的存在物。他的主要思想是，如果人作為理性存在物來實現自己，組織自己的心靈結構，賦予這個結構以美德的成分，那麼，通過人的行為，作為結果，我們就可以獲得一個美德的領域。當然，在亞里士多德那裡，這個問題自身也是非常複雜的。

需要注意的一點是，亞里士多德的倫理學強調道德的個性原則。他把道德歸結為人的美德。他把人的美德自身看作是人自己的活動和行為的結果。當亞里士多德與蘇格拉底、柏拉圖爭論時指出，重要的不是知道什麼是一般的美德，重要的是知道在具體給定的情況下的美德是什麼。重要的不是知道什麼是勇敢自身，而是知道在具體情況下如何成為勇敢的。這個問題只有在具體場合下的個體才能做到。在這個意義上，亞里士多德的倫理學具有永恆的價值，在現代處境裡，更加重要。

在歐洲倫理學的整個歷史上，關於倫理學問題所寫出來的最好的書就是《尼可馬科倫理學》。我認為，這本書的理論部分，尤其是它的規範的、實踐的部分,至今依然保留著現實的意義。

總體上說,在這個階段上(智者派、蘇格拉底、柏拉圖、亞里士多德)形成一個觀點,即城邦是人的符合美德存在的基礎。在這裡,作為倫理學的一個獨立部分,城邦倫理學發揮著決定性作用。

古希臘哲學的第三個階段是亞里士多德之後的哲學。根據我們關注的話題,這個階段的特徵是,哲學家們的出發點是這樣一個論斷,哲學在自己對完善存在、完善生活的追求中,不應該依靠自然界,也不應該依靠城邦,而是依靠自己。這個時期不同的哲學家按照不同的方式解決這個問題,但所有的人在下面的這個信念上都是一致的,即哲學自身就是完善存在的道路和形式。比如,針對"通過什麼方式可以達到幸福生活"這個問題,著名的哲學家伊壁鳩魯提出幾個論點。首先,需要正確地理解什麼是快樂。他主張放棄對快樂的肯定的定義。在他看來,快樂只不過是痛苦的缺乏。其次,應該擺脫恐懼,比如面對死亡的恐懼,面對必然性的恐懼等等。怎麼擺脫呢?通過正確的知識。要擺脫面對死亡的恐懼,其實很簡單。人永遠也不能遇到死亡,因為有死亡時,人就不存在了,有人的時候,就沒有死亡。因此,這個恐懼是枉然的，無益處的，不但是無益處的，而且是渺小的，是錯誤的。針對死亡的恐懼，以及其他一些問題，伊壁鳩魯還列舉了很多精緻的證據。

伊壁鳩魯描寫了人的一個特殊狀態。人可以擺脫一切不安，達到缺乏不安，這是幸福的狀態。這時，人不擔心任何事情。在他看來，這一切就是哲學。在這裡，哲學理論自身被理解為精神淨化、道德淨化的方法。

比埃爾·阿多在《什麼是古希臘哲學？》這本書把古希臘哲學看作是一種生活方式。[1]他說，哲學理論自身被理解為精神淨化的行為，被理解為道德程序。在這個階段，已經形成這樣一個信念，倫理學不僅僅是哲學的一個部分，與此同時，倫理學是哲學的核心，就是哲學在整體上所指向的東西，這個哲學包括物理學，也包括邏輯學。倫理學是哲學的一個部分，同時，也是其終極目的。作為哲學的一個部分，倫理學實現哲學在整體上所固有的道德指向，它充滿道德激情。

在這裡，我們在最一般的形式上探討古希臘的

---

1. 本書中文版為《古代哲學的智慧》，張憲譯，上海譯文出版社，2012年。 ——譯者註

倫理學。古希臘倫理學不僅僅是歐洲倫理學的第一個階段，不僅僅是它的出發點，而且也是整個歐洲倫理學的基礎。倫理學是整個歐洲哲學永恆的根源。歐洲哲學所有後來的發展都是通過對古希臘倫理學的訴求來實現的。這也符合歐洲哲學發展的總體線索。我們知道，中世紀哲學起初是依靠柏拉圖，後來依靠亞里士多德，接著是向近代哲學過渡，這是哲學上的一次飛躍，這個過渡和飛躍的發生是因為哲學家們把亞里士多德之後的哲學學說復活了，依靠並再次利用這些學說，比如，斯多葛派、伊壁鳩魯、懷疑論者等等。總之，歐洲哲學的這些後續發展都在依靠古希臘哲學。再比如美國的實用主義，儘管已經是19-20世紀的哲學了，但它也在古希臘的世界裡尋找自己的根源，比如到智者派那裡去尋找。20世紀偉大的哲學家海德格爾把自己整個哲學的發展看作是對亞里士多德、柏拉圖、巴門尼德的注釋，就是對古希臘哲學家們的注釋。因此，可以說，古希臘哲學始終是西方哲學永恆的根源，它滋養著西方的哲學思想。針對我們的話題，即哲學與倫理學的關係，那麼，古希臘的教訓就是，哲學是在探索道德完善的生活道路的範圍裡產生的。這條道德線索始終是哲學的基本使命之一。

這就是我們從古希臘哲學裡所能夠吸取的教訓。

第三章 作為實踐哲學的倫理學

從古代起,倫理學就是哲學的三大部分之一,或者是哲學的三個方面之一。倫理學是哲學的傳統領域和對象。那麼,倫理學是哲學的一個部分,是因為歷史上就是這樣形成的?還是說,倫理學就實質而言是哲學的一個部分,沒有倫理學根本無法理解哲學?哲學曾經包攬了很大範圍的問題領域,包含在其中的各門科學後來逐漸地離開了它。比如,哲學曾經研究過自然界,亞里士多德就有一本書叫《物理學》,在哲學的名義下研究物理學的問題。後來,物理學成為單獨的學科。心理學也是從哲學裡分離出來的,以前,心理學曾經是哲學的一個部分。比如,蘇聯時期,在莫斯科大學,心理學專業就設在哲學系,後來從哲學系獨立出來,成為單獨的心理學系。

那麼,倫理學是否也會如此?是否可以這樣推測:倫理學作為哲學的一個組成部分,與哲學一起發展,隨著時間的推移,倫理學也可能從哲學裡分離出去,成為獨立的學科,其研究對象是道德行為。

這不是杜撰出來的問題,它是由現代倫理學裡發生的實際過程引起的。在20世紀最後三十年左右的時間裡，倫理學主要是作為應用的知識領域而發展的，並獲得一個名稱：應用倫理學（прикладная этика）。當時在西方（現在，在俄羅斯也是如此），所謂的應用倫理學獲得廣泛流傳。如果按照文獻的量來計算的話，根據社會對應用倫理學的興趣來看的話，那麼，應用倫理學已經超越傳統的、理論上的哲學倫理學。

關於什麼是應用倫理學，也是個有爭議的問題，關於它有不同的意見，在此我們不去研究這個問題。我們僅僅指出應用倫理學的幾個特點，它們把應用倫理學與傳統意義上的理論倫理學區別開來。

在科學的意義上，人們的興趣發生了轉移。原來人們感興趣的是自由意志問題，善與惡的問題，義務的問題，關於道德的基礎問題等。它們要求在哲學上對世界進行反思，對人在世界上的地位進行反思。現在，人們的興趣轉移到另外一個方向上，就是生活的個別領域。應用倫理學的興趣就是人的生活裡的個別領域，就是社會生活的個別部分。於是，倫理學成了商業倫理學、醫學倫理學、生態倫理學、工程倫理學等。儘管沒有人統計過到底有多少這樣的倫理學，但至少有幾十個。大學生們對這些應用倫理學的問題表現出更大的興趣。比如，他們撰寫有關議會倫理學、國家管理倫理學等方面的論文。社會自身也向哲學家提出要求，希望他們研究和討論應用倫理學方面的問題。

在世界規模上，應用倫理學成為一種時髦，幾乎每個大學都在制定自己的一套倫理規範，就像某些大公司都在制定自己的規範一樣。以前，摩西為整個猶太民族制定了自己的戒律，然後是基督為所有基督徒制定自己的"登山寶訓"，康德為整個人類制定道德法律。現在，人們在每一個具體領域制定倫理道德規範，比如在商業、醫學、醫院、公司等等。

有這樣一個趨勢，倫理學正在變成工程科學、技術科學的某種形式。如果我們看看實踐和規範的方面，那麼在應用倫理學的範圍內，做出道德決定的依據是如何滿足人的生活舒適。如果說在古典的哲學倫理學裡，道德是在一種理想的前景裡獲得考察的，道德被看作是人對自己永遠不滿的根源，是這樣一種動機，它激勵人成為越來越好的，那麼在應用倫理學的範圍裡，方針完全變了，在這裡，道德被看作是合理成功的形式和手段，是對自己生活正確性的意識的形式和手段，這個手段可以讓人按照純粹的良心生活。

在應用倫理學裡，根本沒有所謂的道德形而上學的位置。道德被理解為經驗現象，具體的人們之間相互關係的組織方式，針對具體的公共生活領域。在這個意義上，倫理學喪失了哲學的特徵，拒絕為合理行為尋找絕對基礎，拒絕探索理想的典範。相對於這些變化，具有典型意義的是這樣一個事實，在倫理學裡廣泛流行的是所謂的情境研究方法，就是道德推理建立在具體情境的基礎上。比如，當遇到一個具體處境時，對其進行分析，在此基礎上採取決定。這個方法來自於經濟科學，借助於它可以有效地研究管理問題。現在，在倫理學裡也在應用情境研究方法。

然而，情境方法在倫理學裡會遇到道德上的兩難問題。應用倫理學研究的一個非常鮮明的道德兩難問題就是所謂的有軌電車情境。一輛正在向前行駛的有軌電車，前面是岔路。有軌電車或者向左行駛，或者向右行駛。如果向左側行駛，那裡有五個人在工作，如果向右側行駛，那裡有一個人在工作。正在這時，有軌電車突然失控了。假如無軌電車自己運行的話，那麼它就會向左側行駛，因此將縈死五個人。如果司機控制車的運行，他應該讓車向右側行駛，這樣只有一個人被縶死。這是個道德兩難。司機怎麼辦？讓車向右側行駛嗎？那樣的話他就是那一位工人死亡的原因。或者他不去干涉，讓車自己運行，其結果是五個人的死亡，因為在這種情況下，失控的無軌電車將駛向左側。

情境方法自身與為描繪某個理論而舉的例子之間不是一碼事。哲學家們也在舉例子，為了說明自己的理論觀點，讓自己的觀點更加直觀，容易被理解。但是，情境方法不是例子，相反，這是基礎，在其上要作出道德論斷。這不是對理論觀點的描述，而是作出正確結論的基礎。關於這個有軌電車的例子，任何一個正常的電車司機，無論是否進行思考，畢竟都會避免更多人死亡的危險。但問題不在這裡，而在於他的這個行為是否正確，從道德的觀點看能否獲得證明。我們可以說，他這樣做也不好（選擇人少的方向行駛），但他被迫這樣做。結果畢竟死了一個人，這個事實在道德上無論如何是不能獲得證明的。這個選擇不能讓他擺脫其內心世界的活動，不能讓他擺脫這樣一個意識，他做了一件他不應該做的事。但是，從應用倫理學的角度看，他的這個選擇從道德角度說是可以獲得證明的，這不但是個被迫的、不得已的選擇，而且從道德上看，這也是正確選擇。顯然，按照這個立場，道德主體的道德最高綱領（如不可殺人）就會喪失。相對于他陷入其中的現實處境而言，人向自己提出的道德要求，或者社會向他提出的道德要求，就成為次要的了。

相對於哲學倫理學的原則方針而言，具體處境完全是另外的東西。比如，有這樣一個最典型的例子。阿爾伯特·施韋澤是個著名學者，人道主義者，醫生，他制定了一種倫理學，即面對生命的敬畏之心。他認為，對生命的任何損害，甚至當人摘一朵花的時候，都是惡。這是倫理學的最高綱領主義，它恰好與應用倫理學的實質對立。

施韋澤是個德國人，在非常年輕的時候就成為著名神學家、哲學家、音樂家、音樂理論家，在歐洲獲得知名度，但是後來他徹底地改變了自己的生活，去學醫學，1913年，他到非洲建立醫院，開始給當地人治病，包括最可怕的疾病，比如麻風病。他把自己的積蓄都用在建立和擴建醫院。施韋澤認為，幫助非洲人是歐洲人的義務，因為歐洲人給他們帶來了太多的惡。他曾經生活在一個非常優裕的環境裡，過著幸福的生活。但是他卻覺得，自己沒有權利擁有這樣的幸福生活，因為還有很多人在世界上受苦。於是他決定把自己的前半生（在30歲之前）獻給自己的幸福，獻給自己，其餘部分生命獻給其他人，為其他人服務。的確，在30歲時，他改變自己的生活和仕途，拋棄一切，研究醫學，成為醫生，去非洲建立醫院。他決定把自己的下半生獻給其他人，但是，這一半生命遠遠地大於前半生，他很長壽，於1965年去世。施韋澤獲得了諾貝爾獎，在世界上享有很高的知名度。他制定了敬畏生命的倫理學，在這裡，針對有生命之物（無論人，還是動物、植物）的任何暴力行為都被認為是惡。當然，農民不能不割草去餵牲畜，這是個必要的行為。但是，這個事實，即行為是必要的，並不能排除當他割草時畢竟在作惡。這是針對惡，針對人的行為的恩准（許可）方面的絕對主義立場，道德領域典型的最高綱領主義。顯然，這個立場與應用倫理學裡所實行的立場是完全不同的。

這裡就出現一個問題，應用倫理學能否包容和囊括作為人生中實際現象的道德的所有特點，或者在道德裡還有這樣一些特點，它們無法被應用倫理學所包容？我認為，這樣一些特點是有的，我在此僅僅指出兩個。有些道德行為被認為是無私的行為方式，首先它們是自由的,即做出這樣的行為不依賴于好處和成功,不依賴於它們帶來的有利結果。這些行為自身就被認為是好的。如果我們看看在現實生活處境裡的某個行為,在一種情況下,這個行為可以為我們帶來好處,比如100元錢,但是在另外一種情況下,它可能給我們帶來10萬元。我想,任何一個正常人都會選擇給他帶來10萬元好處的那個行為。這是非常正常的行為方式。但是同時,也有這樣的行為,無論你給他多少錢,哪怕是世界上所有的錢都給他,他也不會去做出這樣的行為。就是說,有這樣的行為,人無論什麼時候都不應該做的。在這個意義上,無私是人的道德狀況、道德行為的現實特徵,這是非常重要的因素,是應用倫理學無論如何無法包容的。

道德還有一個特點。在人的行為裡,道德是終極機構(終審機構),人們根據這個機構來實現自己的行為。亞里士多德非常出色地展示了這個特徵。他說,一個人為了什麼而做出一種行為,可能會有不同的目的,比如他學習,可以問他為什麼要學習,比如他去一個地方,可以問他為什麼去這個地方,等等。但是,有這樣的目的,關於它不能問人為什麼要達到這樣的目的。比如,人希望成為幸福的。我們不能問他為什麼想要成為幸福的人,因為這是個非常不合適的問題,人們從來也不去問這樣的問題。再比如,人希望成為正義的,成為善良的,那麼我們不能問他為什麼要成為正義的,為什麼要成為善良的。這樣的問題是非常不合適的。人們從來不這樣問,因為善、正義按照自己的方式表達人的行為的終極邊界。就是說,道德意味著人的行為和決定的絕對界限。這一點也是應用倫理學所無法包含的。因此,我們認為,道德有這樣一些特點,它們無法被應用倫理學的方法所包容。

那麼,哲學是否必須要包含倫理學內容?道德是否一定需要哲學立場?剛才提到的道德的兩大特徵恰好需要哲學分析和哲學立場。之所以如此,是因為正如我們一開始就界定的那樣,哲學追求知識的界限。對哲學而言,面向絕對的方針是自然而然的。倫理學被稱為實踐哲學。針對倫理學為什麼被稱為實踐哲學,有時候這樣回答:因為它研究人的行為,人的實踐。這當然是對的,但這個答案畢竟不是一勞永逸的。倫理學是實踐哲學,還有一個原因,即它是進入生活實踐的主要途徑。

哲學如何作用人類活動,社會生活的其他領

域，這其中有哪些途徑呢？哲學可以作為世界觀來發揮這樣的作用，因為哲學可以提供關於世界的一般觀念。哲學還可以通過認識的方法，通過分析思維規律等途徑發揮實際作用。

哲學影響社會生活的另外一個非常重要的、強大的途徑，當然就是倫理學。哲學使自己對世界的一般理解達到這樣的高度，這裡出現人的行為的一般原則。作為哲學的部分的倫理學包含對自由領域的哲學分析，這與必然性、自然界的領域是不同的。在倫理學裡，哲學總是回答兩大重要問題。第一個問題是，在人的活動裡，什麼東西完全和徹底地依賴于作為理性存在物的人。哲學嘗試在人的活動裡找到自由的空間。在這裡，人是完全的主人，他的決定是終極的，他的行為不依賴於任何東西。第二個問題是，通過什麼途徑，如何來支配自己的生命，使之依賴於人自己。換言之，如何作用於自己的生活，以便使其具有這樣的意義，即它總是最好的生活。可以這樣說，對哲學而言，倫理學和道德總是個體的、負責任的行為的領域。在這些領域，其他人不可能對人提出任何指示，做出任何妨礙。在這裡，一切都由他自己決定。哲學立場總是在某種理想的訓誡裡考察人的行為。哲學感興趣的不僅僅是善、活動目的,而是最高善,不僅僅是義務,而是絕對的義務。沒有這個最高的前景,那麼哲學倫理學就是不存在的。因此,我覺得,正是在哲學倫理學裡,道德的上述特點才能獲得最好的、和諧的表達。

在倫理學體系建立的過程中,哲學發揮什麼作用?

哲學倫理學理論有些基本特徵,它們使之與應用倫理學區別開來,並證明哲學倫理學的必要性。首先,哲學倫理學理論總是有兩個層次的特徵。遺憾的是,對這一點很少給予注意。在我們的倫理學教科書和其他概述哲學倫理學特點的著作裡,完全忽略這些特徵。當然,在描繪倫理學體系時,兩個層次的特徵似乎是存在的,但是,它沒有被專門地突出出來,沒有被當作哲學倫理學的原則特徵和方針。

現在,我們嘗試用一系列例子說明這兩個層次的特徵具體指什麼。這些例子在歐洲倫理學傳統裡都是眾所周知的。比如,在柏拉圖那裡有兩種倫理學。一個是個體的倫理學,它表明人通過什麼途徑可以上升到完善的狀態。他在《會飲篇》裡發展的就是這個倫理學。人是逐漸地上升的，直到完善的狀態。起初，人的愛針對個別人、個別事物，比如對個別人的身體的愛，即愛欲，這是自然的欲望。下一個層次是對人的靈魂之美的愛和意識，接著是對知識、科學的愛，最後是對美自身的愛，是對美的直觀，這時，人與理念世界面對面。這就是柏拉圖的道德上升的四個層次。這是哲學家經歷的道路，是其道德淨化的道路。

柏拉圖的第二個倫理學是社會倫理學，表述在其著名的《理想國》裡。在這裡，他描繪了自己的社會烏托邦。柏拉圖認為，在國家裡存在不同的階層，每個階層的人都在做自己的事，都有為其規定的範圍，每個階層的人都有符合自己階層的能力。比較低級的階層有手工業者、農耕者，然後是軍人或守衛者，他們保衛國家，第三個階層是統治者。在這個國家裡，整個生活，這些階層之間的相互關係，都是這樣建立的，一切都服從於一個目的：整個國家的善。這不是個別人或個別階層的善，而是整個國家的善。順便指出，在柏拉圖那裡，高級階層，即守衛者和統治者，沒有私有財產。柏拉圖詳細地描繪了如何建立國家的生活，如何組織教育，以便人們能夠學會以最好的方式為國家服務。每個人都從事自己的事，不干涉別人的事，這就是公正。在國家裡，教育過程發揮著非常重要的作用，教育的目的是培養哲學家，培養聰明的人。之所以需要哲學家和智者，是因為他們可以管理國家。柏拉圖塑造一個社會倫理學的形象，由於這個形象，批評家們認為，柏拉圖是第一個極權主義的思想家，這裡的極權主義甚至是共產主義的極權主義。

因此，在柏拉圖那裡就有兩套倫理學，社會倫理學的使命是組織國家的公共生活，個體倫理學的對象是人的個體發展。個體倫理學比社會倫理學更重要。社會倫理學的基礎是個體靈魂的結構。在柏拉圖的城邦裡，各階層的劃分依賴于人的心靈的哪些方面美德是發達的。比如，手工業階層是美德是克制，守衛者的美德是勇敢，統治者的美德是智慧。公正使得每個人都能獲得自己應有的位置。在每個人的心靈裡似乎都有美德的這種差別，這些差別也是由國家裡各階層的組織決定的。在這個意義上，每個個別人的心靈結構與國家的社會結構是一致的。但這並不能改變這樣的行為，個別人，包括哲學家，他們要經歷所有的階層，就是說，在自己的發展中，他們在實現所有這些美德。他們是克制的，勇敢的，達到智慧的層次，最後能夠直觀美自身，就是柏拉圖在《會飲篇》裡所描繪的狀態。在社會倫理學範圍內，當一個人在完善道路上達到最高層次，即智者層次，那麼他（智者）希望留在這個層次上，對理念進行直觀，對美自身進行直觀。但柏拉圖說，智者應該犧牲自己的幸福，成為統治者。甚至對統治者而言，為國家服務是一種犧牲，是一種被迫的行為。國家的狀態自身，對國家的組織，其目的就在於緩解人的道路，從洞穴走向天堂的道路。那麼，是什麼東西讓人發展自己，讓自己的靈魂上升到這些高層次，一個階層一個階層地向直觀美自身上升？柏拉圖認為，能夠幫助人上升的就是對這個世界上的美的直觀。在這個感性世界裡，有對另外的唯一世界的反光，當一個人在自然界裡，在其他人身上看到美的東西，那麼這就可以幫助他回憶起當初在另外一個世界裡看到的東西。從柏拉圖的角度看，國家似乎是人為建立的有秩序的環境，最接近天上世界的樣板。國家是這樣建立的環境，它最有力地刺激人沿著向天上花園接近的方向前進。因此，個體倫理學之路經過社會倫理學。

亞里士多德的倫理學也是在兩個層面上存在。

這一點在亞里士多德那裡比在很多哲學家那裡表現得更加清楚、明確。亞里士多德認為,存在兩個美德的層次:倫理美德,包括勇敢、克制(умереность)、慷慨等等,他精確地指出十個這樣的美德。倫理美德是性格、心靈的美德,此外還有理性的美德,比如記憶等。倫理美德引向低層次的幸福,在公民生活裡,在城邦生活裡獲得,借助於城邦的合理組織來實現。這是初級倫理學,它指向低級的幸福。理性的美德導致高級幸福。對亞里士多德而言,高級的幸福是理論,是哲學、直觀。他說,最高幸福是通過直觀達到的理論,人之所以能夠獲得這種高級幸福,不僅僅是因為他是人,而是因為在他身上有神的東西,即理性。就是說,在這裡我們也有兩個層次的倫理學。第一個層次包括公民生活的活動,它是所有自由公民都可以獲得的。第二個層次是哲學家的倫理學,個體倫理學,上層倫理學,因為人身上有神的東西,所以他能夠達到這個高級層次。

還有一個非常流行的倫理體系,就是斯多葛學派的倫理學,它也清晰地表現出兩個層次。斯多葛派認為,存在兩個層面的價值,兩個層面的人的活動。第一個層次是相對價值,或者是如他們所說,是普通人擁有的價值體系，由人的自然特點以及他的社會生活決定的。在這裡，財富比貧窮好，健康比疾病好，生命比死亡好，等等。而且，在這個層面的行為裡，人總是選擇前者，而不是後者，就是說他做出選擇的行為，選擇自己比較喜歡的價值。另外，在這個層面上，人做什麼，怎麼做，這不依賴於他自己。斯多葛派是嚴格的決定論者。他們認為，在世界上一切都按照嚴格秩序發生的，其中的任何東西都是無法改變的。發生在人身上的東西是註定的，無法改變的。

這是斯多葛派價值的第一個層次，相對價值。與此並列還有另外一個層次，是絕對價值的層次。在這裡，善與惡是絕對對立的。這個層次是絕對價值層次，它決定於人如何對待自己的命運，人如何對待在這個世界上發生在他身上的事情，如何內在地對待在應當的行為層面範圍內被迫要做的事情。這裡說的是對待發生在人身上的事情的內在態度。如果人接受發生在他身上的一切，接受命運給他安排的一切，而且很願意地接受，那麼他就是擁有美德者。如果一個人不能冷淡地對待這一切，比如對某些事情表示讚賞，對另外一些事情表示譴責，對一些事情表示肯定，對另外一些事情表示否定，因此被他的內心不安所包圍，被發生在自己身上的事情所困擾，那麼，人的這個狀態就不是美德的，而是不道德的。斯多葛派的立場是，面對命運的所有打擊都要內在地冷淡對待。命運在人身上所發生的一切，斯多葛派都接受，如果是他自己決定的話，他似乎也會這樣做，在自己身上也會發生這些事情。為了解釋自己的思想以及自己的倫理學，斯多葛派舉了這樣一個例子。一輛車後面栓一條狗，它可以按照不同的方式來行事。狗可以對抗，那麼，車就會拖著它走，但是，狗也可以自願地跟著車走。一般人的立場，類似於對抗的狗，不願意跟著車走的狗，因此，車就拖著它走。斯多葛派的立場，類似于願意跟著車走的狗，似乎它自己就希望去車帶著它要去的那個地方。斯多葛派建立了非常有趣的倫理學理論，可以說，它是很典型的，是某種理想的倫理學理論，擁有十足的哲學特徵，

為了強調自己所獲得的尊敬，以及自己理論在哲學上的連貫性，斯多葛派舉了一個例子。他們說，真正的斯多葛派，真正遵循斯多葛派立場的人可以吃人肉，如果有這樣的需要的話。斯多葛派保持內心安定，哪怕在世界上著起大火時也是如此。他們制定一個理論，制定道德主體的這樣一種形象，它有絕對

穩定的地位，任何東西對它都無法產生影響。當然，斯多葛派並沒有宣傳吃人，也沒有宣傳恐怖，比如世界災難等。這些例子的意義完全是展示性的，僅僅是例子而已，它們似乎是一場思想實驗。斯多葛派為說明問題，闡述自己的思想，假想了一些處境，甚至是一些最不可思議的處境，比如必須吃人肉，或者是世界災難的處境。那麼，即使在這些處境裡，斯多葛派也堅持自己的原則。這是斯多葛派倫理學的第一個層次。第二個層次是上層社會的，很難達到，這是斯多葛派智者的層次，只有極少數的個別人才能達到。斯多葛派人為，只有幾個人達到了這個層次，其中有一個人就是蘇格拉底。他們認為，蘇格拉底之所以達到了這個層次，是因為蘇格拉底在法庭上面臨死刑判決時的自由表現。

還有一個關於兩個層次倫理學的例子就是康德的倫理學。康德倫理學兩個層次當然沒有像斯多葛派、亞里士多德和柏拉圖那麼明確地表達出來。眾所周知，康德創立了自治倫理學，制定了自己的倫理學規律，倫理絕對命令，聲明絕對義務的觀念。他認為，無論發生什麼事請，人都應該按照自己的義務行事。這是非常嚴厲的倫理學。

為了展示自己的思想，康德舉了一個例子。商人賣東西後有利潤，他誠實地經商，完全按照義務行事。試想一下，有這樣一個情況，如果這個商人誠實地賣東西，他就不會有利潤，而是賠錢。那麼，他怎麼辦呢？或者丟失利潤，有損失，但誠實地經營，或者不再誠實地經營，獲得利潤。康德認為，只有在道德義務、要求與利益的觀念發生衝突的情況下，我們才能在純粹形式裡看到我們行為的道德特徵。作為非常清醒的人，康德明白，不存在只為了義務才去做的行為，在這些行為裡，人沒有任何利益、好處、願望，不與一定的愛好（選擇）有聯繫。康德甚至表達這樣一個基本論點，在世界上可能永遠不會有僅僅為了道德和義務而做的行為，永遠也不會有完全出於道德動機而實現的行為。但是，這並不能取消道德義務及其必要性。他的倫理學是非常嚴厲的，他把自己的倫理學作為一種必要的東西賦予給所有的人，所有理性的存在物。

　　與此同時，康德明白，有這樣的情況，義務的道德要求與人的愛好，對利益的追求是矛盾的，這個情況當然是不正常的，是一種斷裂。作為哲學家，他這樣想，在什麼條件下，這個斷裂是可以被克服的。

他說，為此，我們至少要引入三個假設。第一個是自由的假設，即假設道德法律的基礎是自由，其次引入靈魂不死的假設，最後再把上帝的假設引入倫理學。如果我們引入這些假設，那麼，我們就可以這樣想，會出現某種理想狀態，這時義務成為現實的事實。他把這個狀態描繪成是目的的王國。

哲學在原則上是多元的，每個哲學家都建立自己的體系。在上述例子裡，我們看到，在這裡建立了完全不同的哲學倫理學體系。在這些哲學倫理學體系裡，每一個都按照自己的方式包含這樣一個觀念，根據這個觀念，倫理學都有兩個層面，存在兩套倫理學。一套倫理學是現實的，人們可以在自己的行為裡實踐這套倫理學，儘管也有一定的難度。另外一套是理想的倫理學，它提供一個前景，這個前景當然不是所有人都可以達到的，能夠達到這個層面和前景的人，是非常罕見的。

從哲學倫理學的命運的角度看，以及它是如何發展的，尤其是這樣一個情況，即現在哲學倫理學面臨被應用倫理學排擠的危險，我們依然還需要指出歐洲倫理學史上的一個關鍵方面。這個方面就是，在黑格爾之後，對倫理學對象的理解發生了根本改變。

就自己的最一般定義而言，倫理學是關於道德的學說。道德當然不依賴於倫理學而存在。我們看到，在歐洲文化史上，道德早於倫理學而出現。相對于道德而言，倫理學的任務就在於理解和解釋道德，比如，道德是從哪裡產生的，此外就是為道德要求和道德概念提供更加適合的表述。換言之，道德概念是自然語言裡的詞匯。在自然語言和日常意識裡，存在一定的道德觀念、規範，這一切在倫理學裡獲得延續，並找到更嚴格和適當的表述。倫理學是對道德的概括和延續。這是倫理學對待道德的古典態度，在整個哲學存在的歷史上都是如此，直到19世紀中期。倫理學對道德自身從來沒有提出懷疑，認為道德是人生的重要的和有價值的因素。

但是，從19世紀中期開始，出現了一些倫理學學說，或者出現這樣的態度，在這裡，道德遭到否定和批判。倫理學已經不再是關於道德的學說，而是對道德的批判。最鮮明的例子之一就是尼采的批判。他認為，道德是意識的奴性形式。道德自身有助於人的奴役。道德是虛偽的形式，是欺騙與自我欺騙的形式，等等。在尼采看來，道德見證人的心靈糟糕的狀態，道德是人類軟弱的表現。所以，應該拒絕道德。

他認為，人應該上升到超人的高度，在這裡，一切都已經位於善惡的彼岸。因此，尼采也區分兩個層次，他在此指的是第二個層次，這是關於超人的前景。他的確有個著名的超人觀念。但是，在尼采那裡，這第二個層次不是對道德的延續，而是對道德否定的結果。

道德評判的另外一個形式是馬克思主義。馬克思主義認為，在階級社會裡，道德是這樣一種形式，借助於它，統治階級把自己的意志強加給勞動者，勞動者是居民中的大多數。一小撮人借助于道德概念賦予自己的階級目的以普遍形式。在這裡，道德被看作是社會意識的一種異化的形式，是與人異化的。所以，這裡就提出克服異化形式的任務。在《共產黨宣言》裡，從馬克思和恩格斯的觀點看，道德應該被消滅，就像宗教和私有制一樣。這裡也有一個前景，共產主義的前景，它不是道德的延續，而是對道德的否定和克服。

對道德進行評判的這些嘗試有其結果，這就是哲學倫理學處在危機之中。後來的倫理學學說已經不再有明顯表現出來的兩個層次的結構，如我們在古典倫理學學說裡看到的那樣。在這個意義上，應用倫理學也是哲學倫理學危機的結果。我本人不反對應用倫理學，它是很重要的，需要的東西，它也發揮著一定的積極功能。但是，我想說，應用倫理學不再是哲學倫理學。在應用倫理學裡更多地是道德的社會學，道德的心理學，也可以說是日常的一般的智慧，而不是哲學。在這個意義上，應用倫理學當然是對哲學倫理學的挑戰。應用倫理學之所以存在，是因為哲學倫理學自身變得無助了。

在第一章裡，在談到哲學在科學與宗教之間地位時，我們發現，哲學的地位經常發生變化，這依賴於它如何解決對待世界的態度中價值和理論的相互關係問題。在現代條件下，哲學走到了這樣一個階段，認識與價值之間應該發生的新綜合，需要新的哲學烏托邦。在我看來，相對于應用倫理學而言，哲學倫理學的地位與哲學的整體地位一致。

第四章 康德之前和之後的倫理學

我們在這裡要考察的倫理學就是指在歐洲文化區域裡存在的那個倫理學。這個考察幾乎涉及到哲學倫理學的全部發展歷史。我們根據如何理解倫理學的對象,準確地說,如何理解作為倫理學對象的道德,把歐洲文化區域裡存在的哲學倫理學發展分為三個階段

第一個階段,倫理學被理解為關於美德的學說。我將通過亞里士多德來考察這個階段。

第二個階段,倫理學被理解為關於道德原則的學說。在第一個階段(亞里士多德,這是在康德之前),談的是人的道德特質問題,在第二個階段(康德),談的是支配人們行為的規範和原則。

第三階段,在康德之後,倫理學已經不再是關於道德的學說,而是對道德的批判。

在古希臘,亞里士多德不是第一個研究倫理學的人。在他之前,智者派、蘇格拉底、柏拉圖等人都直接研究過倫理學問題。德謨克利特也建立了自己的倫理學。但是,亞里士多德第一個把倫理學給系統化

了，把它區分出來作為單獨的科學，並給出"倫理學"這個名稱。當然，亞里士多德是歐洲倫理學科學之父，是倫理學之王，至今他依然是倫理學史上最重要的人物之一。

從智者派開始，倫理學問題，美德的問題成為哲學家們直接考察的對象，那是在公元前5世紀。智者派在自然界與文化之間做出原則區分。當然，文化是後來才出現的詞，但針對當時的情況，也可以用文化這個概念。一方面是自然界，另一方面是人的習俗、規範、行為和人的特質。它們的區別在哪裡？自然界的規律是必然的，誰都無法改變它們。但是，人類的規範和習俗是隨意的、主觀的，它們是人自己形成的。自然界與人的習俗之間的第二個差別是，自然界的規律對所有的人都是一樣的，但是人們的習俗，他們關於善和惡的觀念是不同的。

這樣，就出現一個問題，如果關於善和惡的觀念是隨意的、主觀的，在不同人那裡，它們是不同的，那麼它們具體地依賴於什麼呢？此外，在人們關於善和惡的這些觀念裡，哪些是更好的觀念呢？於是，下面的問題便成了哲學思考的對象：在人的行為裡，在人的存在裡，什麼東西依賴於他自己？怎麼做才能使這個依賴於他自己的東西具有最好的形式，完善的形式？換言之，在人身上，道德美德依賴於什麼，怎麼做才能使所有的人都是有美德的？還可以換個提問方式，人怎麼才能成為對自己的行為負責的人，即使得自己的生活按照更好的方式過？在這裡，差別顯然是有的，而且影響了倫理學的產生。就是說，在人的存在裡，要把不依賴於他的東西和依賴於他的東西分開。

蘇格拉底說，美德依賴於理性。他提出自己著名的說法，美德即知識。儘管蘇格拉底的這個觀點後來遭到反駁，比如，亞里士多德對這個觀點進行了改造，但是，人的美德，即人的道德與理性、理性的決定有關聯，這是歐洲倫理學的關鍵思想。亞里士多德接受這個觀點，而且對它進行了精確化。

亞里士多德有自己對思維邏輯的理解。在他看來，人的活動有意識地進行，並服從一定目的。目的是善，它們是一碼事。人在自己的行為中每一次都會提出某種目的，或者某種善。然而，人的活動是多樣的，因此他有很多目的。這些目的相互之間有聯繫，而且是這樣聯繫的，不那麼重要的目的服從重要的目的，不那麼普遍的目的服從普遍的目的。比如，亞里士多德這樣說,一個人做馬籠頭,這是目的,他為什麼做馬籠頭呢?為了駕馭馬。這時作為目的的籠頭現在成為駕馭馬的手段,駕馭馬成了新的目的。他為什麼要駕馭馬呢?為了參加戰鬥。駕馭馬現在成了手段,參加戰鬥是目的。他為什麼要去參加戰鬥?為了勝利。在這裡,參加戰鬥是手段,獲得勝利是目的,等等。在一種情況下的目的在另外一種情況下就成了手段。因此,這裡就有一個目的的等級。在這個目的等級中,必然要有個終極的、最後的一個點,即終極目的。那麼,為什麼這個目的的等級要以終極目的結束呢?因為否則的話,整個目的的體系就不會被組織起來,因此,人就不能開始自己的行為,他就會陷入到惡無限當中去。因此,應該有最後一個目的、終極目的。

這個最後的、終極的目的的特點是什麼?這是個什麼樣的目的呢?顯然,它應該是這樣一個目的,無論針對什麼東西,它都不可能再是手段。這個目的引起我們無條件的尊敬,甚至對這樣的目的都不能去讚揚,因為再沒有更高的標準。它始終是目的,人所設定的一切其他目的,似乎都是為了它,它是所有其他目的的焦點。當人設定所有其他目的時,總是要考慮到這個最後的目的。這是亞里士多德的一個非常重要的、有趣的思想。他說，人的有意識活動作為合目的的活動而存在，它總是內在一致的，總是可以被理解的，因為這裡有一定的意義。

在托爾斯泰看來，人的任何行為都包含意義，行為的發生正是為了這個意義。人的任何行為都被納入到更一般的空間裡。比如，人們實現行為可能是為上帝，為自己，為他人，或者為了另外一種對生活意義的理解，等等。人的合目的的行為不可能不被納入到其生活的意義當中去。托爾斯泰舉了這樣一個例子，如果一個人邁步，那麼同時必然有個方向問題，他將朝著這個方向走。他邁步時，不可能沒有任何方向，比如北方、南方或東方等等。只要他邁步，總會有一個他要去的方向。同樣道理，當人做出某種行為時，總是有一定的目的，這個行為服從這個目的。

托爾斯泰的這個思想已經被亞里士多德在其終極目的的觀念裡表述出來，也許沒有那麼清晰。在亞里士多德看來，如果其他一切目的都是善，那麼終極目的就是最高善。他問道，最高目的是什麼？他自己回答說，所有的人都認為，最高目的是善。無論是普通人，還是有教養的人，所有的人都同意，人追求幸福。幸福是終極的東西，人做其他一切都為了幸福。亞里士多德關於最後目的所說的東西，符合人關於幸福的觀念，因為幸福不可能成為任何東西的手段。我們不能向一個人提出這樣的問題：他為什麼要成為幸福的人？這樣的問題是沒有意義的，因為幸福就是人做一切事情都為了它而做的東西。

亞里士多德認為，幸福包含兩個部分。第一個部分不依賴於人自己，而是依賴於命運、處境，第二部分依賴於人自己。依賴於人的部分就是他的美德。換言之，這裡的問題是，既然在幸福裡有兩部分，一部分不依賴於人，一部分依賴於人，那麼怎樣做才能使得依賴於人的那部分引導他走向善？還可以換個說法，人自己應該如何控制自己對幸福的追求？

亞里士多德說，為了回答這個問題，就要回答什麼是人。比如，人的靈魂是什麼。靈魂就是這樣的東西，由於它，人才成為活生生的存在物。人的靈魂有兩個部分，理性的部分和非理性的部分。非理性的部分以人的激情、欲望和願望的形式存在。人的肉體特質不依賴於他自己，而是依于自然條件，一些人天生是矮個子，另外一些人天生是高個子，人有不同的外表，人對此是不負責的，自然界應該對此負責。

不依賴於人的還有他的智慧，比如記憶可能是不同的，這也不依賴於人。不過，也有依賴於人的東西，就是他的性格特質。個子高矮不依賴於人自己，記憶的好壞也不依賴於他。但是，人是慷慨的還是不慷慨的，他是勇敢的還是膽怯的，克制的還是放蕩的，這依賴於他自己。有一組特質，它們顯示人的性格和道德。這些特質都有一個特點，它們依賴於人自己。這是在人的生命過程中形成的東西。關於說這些特質，或者這些美德，蘇格拉底認為它們只依賴於理性，是知識的對象。與蘇格拉底不同，亞里士多德認為不是這樣的，它們不但依賴於理性，也依賴于人的本性，依賴於他的非理性部分。這些特質（美德）在兩個方面的交叉點上或它們的相互作用領域裡產生，一方面是靈魂的自然或非理性的部分，另一方面是理性，或理性制定的正確論斷。一切都依賴於靈魂這兩部分之間相互關係是如何形成的。亞里士多德認為，只有當靈魂裡的非理性部分聽從理性的指令時，它們之間相互作用的關係在人的本質裡才能正確地形成。因此，美德不是天生的，不是來自于本性的。但是，沒有本性，美德是不存在的。這一切都決定於，人如何支配自己的本性，自己的情感，以及它們在多大程度上服從這個支配。

按照亞里士多德的觀點,靈魂的非理性部分又被區分為植物和動物的部分。這裡的差別在於,靈魂的植物部分無論如何不聽從理性,理性無法對它產生影響。至於說靈魂的動物部分,包括人的情感,恰好可以聽從或不聽從理性,與理性相關。於是,亞里士多德對道德美德給出一個基礎性的定義。道德美德是靈魂的理性部分和非理性部分相互作用的結果,在這個相互作用裡,理性發揮支配作用,非理性的部分,即情感,聽從這個支配的原則。這是靈魂的一定狀態,而且是靈魂的積極狀態。一個人有什麼樣的性格,他的靈魂的狀態如何,這依賴於人做出什麼樣的行為。道德美德在人自己的行為過程裡形成,在他的行為裡形成。所以,亞里士多德這樣說過,無論是幸福的人們,還是不幸的人們,在他們的生活中,有一半是一樣的。因為他們都有一半時間在睡覺,生活不能呈現在夢裡,而只有在活動狀態裡才能呈現出來。

倫理學研究道德行為,作為實踐哲學,作為實踐理性,它區別於理論哲學,即第一哲學。第一哲學(理論哲學)研究第一原則,倫理學研究行為。理論哲學按照概括的道路前進,最後能夠達到這樣的概括，對它而言，再不需要任何概括了，這就是第一原則。倫理學相反，它走的是另外一個方向，走向個別。倫理學最終達到行為。行為是人的理性能夠達到的最後的給定性（現實）。作為理論理性，人的理性能夠達到哲學的第一原則，作為實踐理性，人的理性能夠達到道德行為。亞里士多德對道德美德給出了其他定義，我們上邊提到的那個界定只是作為出發點的，非常重要的界定，但不是唯一的。

關於亞里士多德對道德美德的其他定義，我們在這裡再列舉幾個。道德美德是習慣的行為方式。那麼，什麼是習慣的行為方式呢？一方面，它們屬於在城邦裡通行的，被認為是美德的行為典範，同時，它們自己也成為人們的習慣。就是說，人的靈魂的道德結構、道德的特質符合城邦裡存在的習慣的行為方式。按照亞裡士多德的邏輯，人有兩個基本定義，人是理性的存在物，人還是社會的存在物，或者政治的存在物，城邦的存在物。當人作為理性存在物而行動時，他成為美德的，並塑造靈魂的道德結構。當人的靈魂的合理性在行為裡實現，並過渡到外部世界時，在這裡我們就獲得了城邦。靈魂的合理性結構過渡到社會的合理建構，它們之間是相互關聯的。

對道德美德，即美德行為而言，另外一個典型特徵是，它們總是指向中間。行為、感情有三個狀態：過分少，過分多，適度（中間）。比如，恐懼的感覺，有人是膽小的，有人相反，非常狂暴、魯莽，不懼怕任何危險，也有勇敢的人，他們理解什麼是危險，但同時善於對抗危險。有人是吝嗇的、貪婪的，有人是揮霍無度的，也有人是慷慨的。中間，這當然不是通過算數計算出來的中點，而總是在某個具體處境裡的最好決定。中間也依賴于發出行為的人。一般而言，無法提前確定和說出中間在哪裡。道德行為的特殊智慧恰好就在於，在每個具體處境裡找到符合這個處境的中間位置。亞里士多德給出十大美德，第一個是勇敢。勇敢位於膽怯與瘋狂無畏的中間。有人怕一切，有人什麼都不怕，這些都是我們應該拋棄的東西，它們是惡的狀態。但是，有人不怕不該怕的東西，怕該怕的東西。

亞里士多德把勇敢界定為對恐懼的克服，這裡指的不是一般的恐懼，而是面對最可怕的東西，面對死亡的恐懼。除了這些對勇敢的描述外，勇敢還有其他特徵。但這是否意味著，在這些描述和特徵的基礎上，我們可以確定，某個人什麼時候是勇敢的，什麼時候不是勇敢的呢？亞里士多德認為，不存在這樣一般的界定，一般的標誌，根據它們的存在與不存在，針對每個具體情況都可以說，什麼時候人的行為是勇敢的，什麼時候人的行為是不勇敢的。勇敢首先表現在戰爭中，這是軍人的美德。亞里士多德說，人在戰爭中克服死亡的恐懼，但是，他可以根據不同的理由來克服死亡的恐懼。比如，人克服死亡的恐懼，因為他是非常有經驗的軍人，他知道如何做。那麼，我們是否可以把這樣的人稱為勇敢的呢？亞里士多德說，不能。如果人克服死亡的恐懼，並且在戰爭中表現得非常得體，因為他擔心，否則的話，人們會詆毀他。那麼，這是勇敢嗎？亞里士多德說，這也不是勇敢。如果一個人克服恐懼，克服膽怯，為的是以後獲得獎賞，或者為他樹立紀念碑。亞里士多德說，這也不是勇敢。那麼，在什麼情況下，我們可以稱一個人為勇敢的呢？他說，只有在這樣的情況下，才能說他是勇敢的，即當他是勇敢的，因為他認為勇敢是美好的事情。亞里士多德說過，勇敢的人所實現的行為才是勇敢的行為。那麼誰是勇敢的人呢？實現勇敢行為的人就是勇敢的人。亞里士多德的思想在於，美德的行為與自身等同，它不是為了什麼而被實施。美德行為的實現，僅僅是為了美德行為自身。美德行為的標誌在於它們在自身中包含最高善所固有的標誌。我們說過，最高善永遠也不能成為手段，它只能是目的。這個標誌是每個美德行為都具有的。我們也說過，問一個人為什麼要幸福，這個問題是荒謬的。與此類似，我們不能問一個人，你為什麼要成為勇敢的人，為什麼要成為慷慨的人，為什麼要成為正義的人。美德的行為是這樣一種東西，不能將其與美德的人自身分開。美德行為，道德美德，是通向幸福的道路，這條路是人自己所能掌控的。如果一個人想要自己掌控幸福，那麼他可以對此發揮作用的唯一途徑是通過美德，自己成為有美德的人。

把倫理學理解為關於道德，關於道德個性的學說，這個理解在亞里士多德那裡表現得最完滿和最系統。一般而言，亞里士多德對倫理學進行了系統化，在這方面，在歐洲哲學裡，沒有人可以與他相比。他在自己的一系列著作裡，系統地表述了自己的倫理學。他的最重要的一部倫理學著作就是《尼可馬科倫理學》。

亞里士多德明確地表達了自己對倫理學的理解，即倫理學是關於道德的學說。不過，這個理解是整個古希臘時代所固有的,而且占主導地位。

在近代哲學裡,對道德的理解發生了改變。哲學家們關注的重點在於,道德是規範、規則、原則的總體。為什麼發生了這樣的變化?在這裡,發揮重要作用的是社會變化,首先是從傳統社會向現代社會,向資產階級社會的過渡,可以說,這個過渡甚至具有決定性的意義。此外,還有一些特殊的原因,比如理論、哲學方面的原因。關於這些原因,我們現在不做考察。在這裡,我們想確認,道德主要被理解為規範、原則的總體。對這個理解表達得最為完整和充分的是康德。

如前所述,亞里士多德的出發點是這樣一個論斷,所有人都追求幸福。這是亞里士多德所接受的公理,也是古希臘全社會都承認的,不需要證明。這是顯然的東西,是公理。亞里士多德以此為基礎建立自己的倫理學。康德也有這樣的公理,他的公理是,道德必然性是有絕對意義的必然性。道德規律由絕對必然性伴隨。道德意識是顯然的,所有人都承認的。康德提出的任務是界定,在人的行為的世界裡,什麼東西滿足這個標準,什麼東西擁有絕對的必然性。他的結論是,除了善良意志外,沒有任何東西能夠滿足這個標準。然後他就解釋什麼是善良意志。他說，善良意志就是純粹的意志。那麼，什麼是純粹的意志呢？就是擺脫了任何雜質的意志，比如利益、好處和需求等。善良意志不依賴於任何其他動機，它是絕對的義務。這種義務不受任何東西的限制。所以，善良意志是自治的，它自己為自己立法，任何東西都無法對它產生作用，限制它。康德認為，符合規律（закон сообразности，遵循規律）的觀念自身就是這樣的自治的規律。

康德自己制定了道德法律，這條道德法律有不同的形式。不同的研究者都在計算他有多少種說法，其中有三個主要的說法。最後的一個說法是，"不論做什麼，總應該做到使你的意志所遵循的準則永遠同時能夠成為一條普遍的立法原理"。如果非常簡單地說，所謂的道德行為，就是所有人都能做出的行為，甚至不僅僅是所有的人，而是所有的理性存在物都能實現的行為。這就是道德的法律。在康德那裡，這是主要的、唯一的道德動機。道德法律也是唯一的，只不過他給出了不同的表達形式。這個唯一的動機就是義務。只有依據義務而實現的行為才是道德的行為。義務就是對道德法律的尊重。所以，康德的倫理學被稱為形式的倫理學，因為它只涉及行為的形式，而不涉及行為的質料。

道德法律作為絕對的應當而存在，只能作為應當而存在。現在我們要區分出康德所代表的那個倫理學階段特點。對我們而言重要的是康德倫理學有一個特點，就是義務在其相應的形式裡不可能過渡到行為。他甚至說，在世界上，從來也沒有過只為義務而實現的行為。但這並不能改變義務及其重要性。義務的力量就在於，它不顧及一切。康德提出幾個程序，幾個機制，借助於它們可以確定，某個行為是否符合道德法律。其中的一個程序是，在某種思想上的理想實驗裡檢驗一下，一個具體的道德準則能否成為普遍的準則，當它成為普遍的準則時，是否否定它自身。比如說，為了達到自己的目的，我是否可以欺騙別人。假如我向一個人借錢，說我會還給他的。但是，我知道，我不可能還給他。所以，我需要欺騙他，才能獲得這筆錢。也許我處在非常糟糕的狀態裡，比如拯救自己的孩子，等等。那麼，無論如何，在道德上，我的行為是無法獲得證明的，是不允許的。

康德之後的倫理學最突出特徵是，倫理學對待自己的對象的態度發生了變化。在康德之前，倫理學曾經是關於道德的學說,現在變成了對道德的批判。19世紀,最激烈地批判道德的人是馬克思和尼采,他們就是這個轉向的標誌。儘管他們對道德的批判,所持立場不同,前景也不同,但是,他們都對道德進行徹底的否定。尼采認為,道德是奴隸的立場,是意識的奴性表達,見證的是軟弱。當奴隸無法對抗主人時,當他們無法行動時,為了自我證明,他們構造了道德。現實行動的不可能性,行動自身的不可能性就變成了內心的憤怒,這是軟弱的表現。尼采稱之為行動中的軟弱。於是他提出自己的超人學說,超人位於善惡的彼岸,其動力就是對權力的意志,這就是尼采的觀念。他認為,人應該克服道德,因為道德是人的弱點的表現。

如果尼采認為道德是奴隸的立場,那麼馬克思認為道德是統治階級的立場,是社會意識異化的一種表現形式,是奴役勞動階級的一種手段。借助于道德,統治階級把自己個人的利己主義利益提升到普遍規範的層次上去。當然,馬克思關於道德的全部思想不能僅僅歸於此,更不用說是全部馬克思主義關於道德的全部思想了,這個思想有其非常豐富的歷史。這是另外一個問題。但是,這裡的事實是,馬克思表達了對待道德的嚴厲批判態度。比如，在《共產黨宣言》裡，馬克思把道德列入這樣一些因素之中，在共產主義社會裡，它們是需要消除的對象。對道德的這種否定位於他的那個著名論綱的背景下，即以前的哲學家都在解釋世界，但現實任務是改變世界。甚至針對康德，在《德意志意識形態》裡，馬克思恩格斯說，康德停止在善良意志上，而且在彼岸世界裡去實現它。對此應該這樣理解，馬克思批判康德，不是因為康德的善良意志觀念，而是因為康德沒有能夠從善良意志的觀念走向實踐。在馬克思和尼采之後，沒有人再堅持這樣極端的立場了。馬克思的支持者發展自己的倫理學，位於尼采思想流派裡的哲學家也按照另外的方式對待倫理學問題。但是，他們都標誌這個激烈的轉折，在他們那裡，倫理學對待自己的對象的態度始終是批判的。

以前，在亞里士多德、康德等古典時期，哲學家們對待道德和道德意識持信任的態度。倫理學是道德的延續，道德的表達。倫理學為道德真理自身提供了精確的表述，即倫理學是關於道德的學說。但是，在現代，針對道德而言，倫理學已經是批判的權威。在20世紀的倫理學裡，就有這樣的概括、觀念，比如，善不能被界定。穆爾在其《倫理學原理》就是這樣說的。或者還有這樣的思想，規範與價值不能從事實裡獲得，這是分析哲學的最重要原理之一。這些論斷恰好說明，在自己對道德的解釋裡，倫理學已經不能以真理的名義說話了。在這個立場的框架下，道德自身就被看作是相對的領域，因此，道德的自我意識遭到懷疑，根據這個自我意識，道德有絕對的特徵。人們針對道德所固有的信念，即道德的要求有絕對的地位，這個信念在現代倫理學框架內遭到懷疑。

對於倫理學，以及為了理解現代世界上發生的現實的道德過程，重要的任務之一是找到一些理論可能性，把行為的觀念與絕對的道德法律的觀念結合起來。相應地，這個問題也與哲學倫理學的前景有關。我們認為，這個問題的答案可以在對待道德的這樣一種立場裡去尋找，在這個立場裡，賦予道德禁忌以決定性的意義。這個思想當然不是由我第一次表述，薩特就這樣說過，其實有很多智者都表述過這樣一個思想，人不是在他所做的事情裡找到自己的道德，而是他沒有做的事情裡。但是，這個思想從來沒有成為深思熟慮的系統理論的基礎。也許，道德禁忌就是這樣一個點，在這裡，可以把亞里士多德和康德結合起來。在這裡,我們既能看到絕對的法律,又能看到具體的行為。我嘗試在這個方向上工作,甚至發表了幾篇文章,這組文章有一個統一名稱——"否定倫理學"。但是,我的同事們認為,我的工作並不那麼令人信服,我自己也感覺到還有很多東西需要進一步研究。但我依然有這樣一個直覺,倫理學探索的這個方向是非常富有成效的,如果我們要拯救古典倫理學傳統裡的絕對道德的觀念,那麼也許只有在這個方向上才能完成這個任務。[1]

---

1. 參見本書第七章"我應該不做什麼"。

第五章 托爾斯泰的理性信仰

托爾斯泰首先是作為作家而在世界上廣為人知。但是，作為哲學家的托爾斯泰，人們瞭解的不多。然而，我認為，托爾斯泰對哲學的貢獻，不亞于他對文學的貢獻。至今，作為哲學家的托爾斯泰，在世界上沒有被徹底理解，遺憾的是，在俄羅斯也是如此。關於信仰的學說是托爾斯泰世界觀的重要組成部分。托爾斯泰認為，信仰是人的存在的基本範疇。這不是人的表現之一，不是他的一種能力，而是人的最實質的基礎。

托爾斯泰的一般觀念在於，只有作為信仰的存在物，人才能顯現出自己的理性實質。在談論托爾斯泰的學說之前，應該指出，關於信仰的問題對托爾斯泰而言完全是個個人的問題。在研究信仰問題時，他解決的不僅是思想上的問題，與此同時，他也在解決自己的生命問題。眾所周知，托爾斯泰在50歲的時候斷然改變了自己生命的發展歷程。他的整個價值體系發生徹底的轉變。誰也不知道，這是如何發生的，為什麼發生。

托爾斯泰自己說,他經常處在這樣的情鏡之下,這時,生命似乎停止了。他開始思考一個問題:這一切都是為了什麼,他所寫的這些作品有什麼意義,他的財富、家庭,這一切都是為了什麼。假如一個人最終要化為灰燼,最終歸為塵土,將徹底消失,那麼這一切有什麼意義呢?他經常有這些想法。對生命的無意義的意識,如此地糾纏他,以至於他最終想到自殺。他曾經打算實施這個自殺行為,但是,後來他想,這件事(自殺)總是來得及做的,什麼時候都來得及做。但是,需要嘗試搞清楚,他的這種情緒是由什麼引起的。他希望能搞清楚這樣一個問題,即人生的意義是什麼。

於是,托爾斯泰放棄了自己所有的事務,包括文學活動,完全集中於這個有關人生意義的問題,開始研究不同宗教,不同思想家,不同哲學家如何理解生命的意義問題。他非常勤奮地工作,思考這個問題,為此花費了很多年。對生命意義的失望,對托爾斯泰而言,首先意味著對宗教,對基督宗教,特別是對東正教版的基督教所固有的對生命意義理解的失望。

托爾斯泰自己寫道,在18歲之前,他是在東正教信仰裡獲得教育的，他忠實於這個東正教信仰。後來的一些年，他過著普通人的生活，是個快樂的人，他為生活而喜悅，有成就，享受各種可能的快樂，追求成功，但是對信仰的意義，生命的意義，考慮的不太多。因此，當發生精神危機的時候，他首先想嘗試理解，也許他自己是個糟糕的東正教徒，事實上東正教信仰能夠提供真正的生命意義。於是，托爾斯泰在整整一年的時間裡，過著最虔誠基督教徒的生活，他循規蹈矩，遵循所有儀式，履行所有禱告，他做了一個完全忠實於東正教的最誠實、最虔敬的信徒應該做的一切。一年後，他獲得一個結論，不是的，東正教信仰以及按照這個信仰規範而過的那種生活方式不能提供任何意義。如前所述，他就開始研究世界智慧，就是在世界宗教和哲學裡所包含的那些智慧。為了瞭解他的這個工作的規模，只要指出下面一點就夠了，在表述自己的學說之前，他在四年時間裡勤奮工作，恢復了自己的古希臘語知識，還專門研究了古希伯來文，就是為了用原文讀《舊約》。研究希臘文是為了閱讀《福音書》。只是在這段時間結束之後，他才寫出了自己著名的《我的信仰是什麼》。這本書在1884年寫成，當時他56歲。兩年前，在54歲那年，他寫了

《懺悔錄》，在這裡他也表述了自己的學說。

是什麼原因促成了托爾斯泰生活裡發生的這場精神革命？在思考這個問題時，我得出一個結論，無論在托爾斯泰本人那裡，還是在其他人那裡，都無法找到對這個問題的解答。我覺得，其原因就在於，當托爾斯泰談到自己的這場精神危機時，總是這樣說，這事發生在我50歲的時候，或者是在我差兩歲50歲的時候。就是說，他到處都在表明，這場精神危機發生在他50歲左右的那段時間。要知道，正是在這個年齡段上，他已經沒有任何缺憾，啥都不缺。身體非常好，他有家庭，非常富有，世界知名，來自俄羅斯和其他國家的人到他那裡對他頂禮膜拜。就是說，他擁有通常人所想像的人類幸福所需要的一切。然而，在自己的50歲前夕，他對此前自己所忠實的東西開始冷淡，最終將其拋棄。托爾斯泰說，自己處在類似於這樣一個人的狀態：他從家裡走出來，突然想起來，有什麼東西忘在了家裡，於是就返回來，結果他在房間裡看到的是，所有在左邊的東西都在右邊，所有在右邊的東西都在左邊，一切都顛倒了。我覺得，其原因就是他快到50歲了，這時，他不是抽象地理解，而且作為一個人，他深刻地感覺到，自己的生命走向了另外一個方向，生命已經走向自己的終結。他直接與死亡面對面。正是對自己死亡、空虛的意識，讓他產生恐懼，迫使他思考生命的意義。我認為，他處在一個類似患了致死疾病的醫生的狀態，這個醫生需要為自己找到治療的藥。結果，他寫了　《我的信仰是什麼》。請注意，他的這本書的名稱是"我的信仰是什麼"，而不是"什麼是信仰"之類，這不是對信仰的客觀描繪，而是他自己的自白，對自己的信仰的表述。

關於自己的信仰，托爾斯泰說，這一切不是我杜撰的，這一切都是我看到的。首先，托爾斯泰放棄了對信仰的傳統理解，就是在保羅書信裡所說的那種信仰："信就是所望之事的實底，是未見之事的確據"（希伯來書11:1）。這就是以前和現在人們對信仰的通常的宗教理解方式，這也是直到今天的所有時代的普通人意識裡所理解的信仰。這個說法不能令托爾斯泰滿意，因為第一部分"所望之事的實底"，意思是信仰不依賴於我，第二部分"未見之事的確據"，意思是信仰超越了理性認識的範圍，超越了理解的範圍（信仰就是無法理解的）。對信仰的這種理解使人消極。按照這種理解，信仰不是我的事情。

托爾斯泰開始了自己的探索。他所確認的第一個重要事實,在自己的思想探索裡作為出發點的第一個論點是:人是個有意識的存在物。這不是絕對命令,而是事實。人所做的一切,他都是有意識地做的,經過自己的意識採取決定。這不僅涉及到偉大學術事業,或者是解決龐大的戰略任務,而且也涉及到整個生活,涉及到人的全部日常生活,比如人在吃飯的時候,談話的時候,無論他做出什麼樣日常行為,他到處都是作為一個有意識的存在物而做的。假如把意識消除,那麼我們就會變成徹底無助的存在物,根本無法生活。因此,人之所以還能生活,就是因為他的意識在工作。人所做的一切事情,他之所以做,就是因為他認為自己應該這樣做。他有這樣的意識,有這樣的看法,否則他是不會做的。當然,托爾斯泰非常清楚,人固有某種非理性的深度,比如本能,它們可能對人有巨大的作用。他對這些東西都是清楚的,而且對它們進行過清楚的描述。比如,我們都過他的著名中篇小說《謝爾蓋神父》、《魔鬼》等,在這些作品裡,他描述了非理性本能對人的巨大統治。這充分表明,托爾斯泰非常熟悉人的秘密,人身上深刻的非理性根源。但是,作為思想家的托爾斯泰對這些非理性的東西不感興趣。他感興趣的是生命的有意識的表現。為什麼呢？因為他對人的生命裡的這樣一種東西感興趣，借助於它，人可以把生命控制在自己的手裡，這就是意識領域。

一般而言，當哲學和科學發現人身上有潛意識的地下室，巨大的潛意識層次時，西方（歐洲）思想走向了心理分析、精神病學，嘗試深入到這個潛意識的層面。但是，俄羅斯思想卻走向另外一個方向，走向了宗教哲學，嘗試為人的理性找到新的基礎。托爾斯泰就是一個非常典型的例子，他表明俄羅斯思想走向了與歐洲思想不同的另外一個方向。俄羅斯思想選擇留在理性空間裡，留在光明的空間裡，而不是深入到潛意識的黑暗深處。

托爾斯泰的出發點是這樣一個事實，人的生命是有意識的，這樣就可以回答，當生命處在我們的控制之下時，我們如何去安頓它。為了回答這個問題，就需要研究人在採取自己的決定時所依據的全部真理。首先就需要考察人在自己的行動中所追求的那些目的，應該研究善是什麼東西。追求更好的東西，而且是被合理地證明的追求，這是正確人生的毫無疑問的和主要的標誌。

托爾斯泰舉例說，當蜜蜂採集花粉為自己製造食物（蜂蜜）時，它不會思考，為什麼它要這樣做，因為它與自己的生命活動是一致的。當人關心自己的食物時，立刻就會產生很多問題，比如，他是否會給自然界帶來太大的損害，或者他是否剝奪了缺乏食物的人們的食物，或者要考慮到自己孩子的食物問題等，這裡有大量的各種問題。產生的問題越多，那麼，與之相關所產生的後果就會越複雜、越矛盾。但是，考慮到所有這些結果是不可能的。所以，對待生活的理性態度，就要求把所有這些現象集中起來，或者對它們進行概括，其目的是，在考慮我們的行為所導致的最近後果的同時，還要確立我們對待整個世界的態度，在空間和時間維度上，這是個無限的世界。我認為，這是托爾斯泰的思考過程中很重要的一個方面。人的有意識生命是這樣被安頓的，他希望理性地，在一切細節上具體地跟蹤自己行為的可能後果，只要可能的話，就要儘量跟蹤，也就是最近的那些後果，但與此同時，他還要把自己的行為納入到關於整個世界的某種觀念裡。關於整個世界的觀念是人的全部有意識活動的必要的、不可或缺的組成部分。這裡有兩個維度，一個是維度就是最近的後果，可以跟蹤它們，可以把它們估算出來，因此它們是可以控制的，另外一個維度是無限遙遠的、無法估算的後果，但是我們可以考慮它們，因為我們在整體上確定了對待整個世界的某種態度。

在托爾斯泰的理解中，對待世界的整體態度就是宗教的態度。不過應該注意的是，托爾斯泰使用宗教一詞，但他對宗教的理解完全不同于傳統的亞伯拉罕的宗教（猶太教、基督教和伊斯蘭教）對宗教的理解。對托爾斯泰而言，宗教就是對世界的整體態度。宗教是作為理性存在物的人所特有的對待世界的整體態度的一般形式。對待生命的宗教態度不是某些人的特點，而是所有人所固有的，因為他們是理性的存在物。人不能不擁有對待生活的宗教態度，全部問題只在於，這個宗教是什麼樣的。

按照托爾斯泰的界定，對待生命的宗教態度就是宗教。對待生命的宗教態度是對待無限生命的態度，對待生命的無限性的態度。在這個態度裡，我們確定自己的生命與這個無限性的聯繫。我們遵循自己對待生命無限性的態度。通過這個方法，我們就可以把自己的個體生命與無限生命聯繫在一起，不是抽象地聯繫，而是實實在在地聯繫。這種聯繫不是某些學術知識，它包括自己的存在自身，而且我們會把這種聯繫當做自己生命的指向。托爾斯泰認為，那些否定宗教的人，也是宗教信徒。

托爾斯泰所理解的宗教能夠對生命的意義問題提供答案，這是宗教的主要任務。他思考的問題是，生命意義問題的含義是什麼。當一個人問，生命的意義是什麼，他在問什麼呢？生命意義問題自身意味著，在生命裡沒有意義。假如說意義包含在生命裡，那麼一個活生生的人是不會提出這樣的問題的。這個問題就意味著，在生命之外，有一種東西可以為我們的生命提供意義。

托爾斯泰首先分析考察了這樣一些哲學家和各類宗教思想家的立場，他們回答這個問題時說，生命沒有意義。他認為，他們在這樣回答的時候，沒有回答問題，而只是重複了問題。比如叔本華對這個問題給出了否定答案，他認為生命沒有任何意義。托爾斯泰說，當理性說，生命喪失了意義，那麼，這個說法也是生命的事實，因為理性自身就屬於生命自身。理性怎麼可以否定生命呢？要知道，這樣的話，理性就否定了自己。所以，那些否定生命意義的哲學家就陷入到了說謊者的處境。這是個著名的悖論，有個人說，所有的人都在撒謊，這就意味著他自己也在撒謊。那麼，我們能相信說"所有人都在撒謊"的這個人的話嗎？

怎麼能夠相信否定理性生命的那個理性呢？這是自己否定自己的理性。按照邏輯來說，這個觀點是有缺陷的。從倫理學標準看，這個觀點也是有缺陷的。假如你認為，生命是惡，是無意義的，那麼你就應該結束自己的生命，而不是四處宣傳生命是惡。托爾斯泰就說，誰也沒有妨礙我們，比如像叔本華這樣的人，認為生命喪失了意義。但是，假如我們確實這樣想的話，那麼我們可以結束自己的生命，而不是到幸福快樂的，解決著自己各種問題的人們那裡，向他們宣傳生命喪失了意義。哲學家們說，生命沒有意義，假如他們非常嚴肅地這樣想，那麼他們就不會生活下去。生命不可能沒有意義，全部問題只在於這個意義是什麼。托爾斯泰做個比較。當我們站在一個地方，當邁出一步的時候，就是運動的時候，我們總是朝著某個方向運動，我們不能這樣運動，在自己的運動裡不朝向任何方向。同樣道理，我們不能這樣行動，在自己的行動裡不包含對生命意義的任何理解。

我們現在分析托爾斯泰的幾個簡單而清晰的思

想，他本人嘗試用最簡單、最平凡的方式表達它們。這是托爾斯泰思維風格的特點，他使思想達到這樣一種清晰程度，以至於無法對其進行不同的解釋。他在自己的哲學著作裡，在文學著作裡也一樣，尤其是在哲學著作裡，完全回避表述方式之美，假如它們對思想可能造成歪曲的話。下面就是這樣一段概括性的文字，在這裡，他的思想表述得幾乎如同數學公式一樣清晰。

信仰是對生命意義的知識，人就借助於這種知識而活著。信仰是生命的力量。如果人活著，那麼他就會相信點什麼東西。假如他不相信任何價值得為它而活著的東西的話，那麼他就不會再活下去。人相信他所做的事情。行為來自於信仰。沒有行動的信仰就是死的，如同沒有靈魂的肉體。人的信仰就在他的行動裡，而不是在他的話語裡。包含在人的事業裡的真實信仰，有別於他自己認為是信仰的東西。之所以做這樣區分，因為人可能經常欺騙自己，並不總是清楚地理解自己所做事情的意義。

托爾斯泰對教會的主要指責就在於教會歪曲信仰概念，偷換了信仰。眾所周知，托爾斯泰與俄羅斯東正教教會之間發生了非常實質性的衝突，這個衝突首先具有世界觀的特徵。托爾斯泰認為，教會的主要欺騙在於，它用《信經》取代登山寶訓（道德原則）。他指責教會對信仰的理解，主要的問題是教會把責任從人身上給取消了。這樣的話，信徒就會說，錯不在我，而在亞當。耶穌基督可以拯救我們（因此，信仰和我們的努力無關）。這就是托爾斯泰與官方教會之間分歧的根源。

托爾斯泰的原則方針是，信仰不能與理性矛盾，無論是在什麼樣的意義上，都是如此。根據習慣的觀念，托爾斯泰的信仰是奇怪的。我甚至說，他對信仰的這個理解要求不能把信仰之外的任何東西當做信仰（除了信仰之外，不能把任何東西當做信仰）。在信仰裡，沒有任何神秘的東西，沒有任何不可理解的東西。信仰是知識，但是特殊類型的知識，是對這樣一種東西的知識，理性到達它這裡就等於達到了自己的界限。理性可以達到這樣一種意識，世界有一個無限的基礎。托爾斯泰把世界的這個無限基礎稱為上帝，這就是他所理解的上帝。在這個意義上，上帝的概念就是（上邊提到的那個）集中過程的結束，就是把人的生命活動裡無限的因果多樣性集中起來的過程，沒有這個集中，作為有意識的和合理的生命活動就是不可能的。上帝不是對理性的否定，而是理性的結論和後果。正是理性讓我理解，上帝存在。但是，理性不能說，上帝是什麼，因為上帝位於我們知識的邊界上。上帝把我們知道的東西與不知道的東西區分開。

我們可以說，上帝存在，但我們不能說，上帝是什麼。我們不能說，上帝是一，或者是三，或者是一百，也不能說，上帝是人，或者不是人。關於上帝，我們不能負責任地說出任何東西。我們關於上帝的全部有內容的論斷都與上帝概念自身矛盾。當我們說，上帝向我們說了什麼，那麼等於我們是在胡說，根本不知道自己在說什麼，因為上帝就是我們所不能知道的東西。我們唯一能做的就是接受上帝存在的事實，把上帝看做是世界的基礎。我們能接受上帝的存在，上帝作為絕對善的存在，因為上帝是世界的基礎。

如果說到生命的意義，而且指的是其具體的表達形式，那麼根據托爾斯泰的觀點，生命的意義可以有三種形式：為了上帝的生命，為了自己的生命，為了社會的生命。為了自己和社會的生命之間是很接近的，所以，對生命的意義的理解在整體上可以歸結為兩類：或者是為了上帝的生命，或者是為了某種人間的目的的生命。根據托爾斯泰的意見，而且這也是他的信仰：應該為了上帝而活。這才是存在的意義，其他一切都是無意義。只有按照這種理解，我們才能接近永恆。只有在這種理解裡，我們身上才能剩下一種東西，它不會與生命自身一起消失。

在描寫人對待上帝的態度時，托爾斯泰利用福音書裡的形象，將其類比為兒子與父親，工人與主人的關係。對他而言，在這個意義上，最簡單的形象就是耶穌基督。托爾斯泰是個基督徒，至少他認為自己是基督徒。但是，在他看來，基督不是上帝，也不是上帝的兒子，而是個導師，是精神上的改革者。如同孔夫子、老子、穆罕默德一樣。我們認為托爾斯泰是基督徒，因為他忠實於基督的學說。他有這樣一個說法，對於相信上帝的人而言，基督不是上帝，如果認為耶穌基督是上帝，那麼就不能相信上帝了。

對於作為基督徒的托爾斯泰，正是耶穌基督確定了對待上帝的正確態度。這個態度就是對上帝的愛。托爾斯泰認為，一般的愛的觀念，對上帝的愛的觀念，是所有世界宗教都有的。但是，在福音書裡，這個愛獲得了更為適當的表達。在托爾斯泰的精神活動中,一個重要方面是他重新編輯了所有四部《福音書》,把它們改寫為一本自己的《福音書》。

基督所顯現的那種對待上帝的正確態度就體現在耶穌在自己的死之前對上帝說的那句話裡。在臨死之前,耶穌知道自己將要被處死,於是他就產生了懷疑,擔心和害怕死亡。但是,最終耶穌說了一句話,"不要照我的意思,只要照你的意思"(馬太福音26:35)。面對上帝,耶穌基督的態度是,如果你要這樣的話,那就這樣吧。不要按照我的意思,而是按照你的意思。這就是愛的公式(說法)。"不要照我的意思,只要照你的意思",這就是對待上帝的應有態度,這是一般的愛的態度。我們看看在任何形式下表現出來的愛,到處都可以看到這個說法是合理的。在愛的任何一種表現形式裡,比如男人對女人,母親對孩子,公民對祖國,等等,都可以找到這個說法,"不要照我的意思,只要照你的意思"。為了祖國,我準備犧牲自己的生命,父母為了孩子(兒子和女兒),男人為了心愛的女人等,都包含有這個說法。它確定了對待上帝的態度。愛就在這個基本的、核心的線索裡獲得表達,相對於這條線索,愛的所有其他形式的表達都是對它的反映。

我們要特別注意，不能丟掉托爾斯泰的邏輯。他與耶穌基督一起祈求上帝，"不要照我的意思，只要照你的意思"。但是，托爾斯泰自己認為，我們不知道上帝的意思什麼。如果我們不知道上帝的意思是什麼，那麼我們如何實現這個公式呢？因為關於上帝，我們無法知道任何東西。於是，我們就有了上邊公式的前半部分，即"不要照我的意思"，這就是我們可以控制、掌控的。這是什麼意思？這就意味著拒絕暴力。因為暴力是某種與愛的公式直接對立的東西。暴力的形式是：不能照你的意思，而是要照我的意思。所以，暴力的公式與愛的公式直接對立。托爾斯泰認為，這甚至不是他的意見，而是對暴力自身特點的精確表達和概括：實施暴力，就意味著做暴力所針對的對象不希望的事情。只要希望他人的意志服從我自己的意志，迫使他服從我的意志，通過對肉體施加作用，通過死亡的威脅，我迫使他服從我的意志，即不照他的意思，而是照我的意思，那麼，這裡就有了暴力。因此，如果我們希望遵循愛的公式，確實表達自己對上帝的愛，那麼我們就應該拒絕暴力。不要根據"我的意思"的公式行事，相反，要依據"不要按照我的意思"這個公式行事，因此要在暴力之外行事，拒絕暴力，這就是托爾斯泰的終極信仰。

托爾斯泰有記日記的習慣。在自己的日記和作品裡，他記錄了自己的心路歷程。尤其在他的日記裡，可以清楚地看到，在整個後半生，他都在實踐非暴力學說。但是，對他而言，這是非常沉重的，非常困難的。他不斷地克服自己，由此表明，非暴力不僅僅是某種決定，不僅僅是用哲學語言宣佈的自己的信仰，而是一定的生活方式，它要求不斷的與自己鬥爭，克服自己，確立與人和世界的完全不同的另外一種關係。在一定意義上，這種工作註定不會成功，而且永遠也不可能結束。這就是托爾斯泰的重要教訓之一。他表明，不能說，我接受非暴力，於是一切都會好的。不是這樣的，這僅僅是開始，是一種非常艱難的工作的開始，這是完全不同的新生活的開始，他經歷了這種新生活，盡一切努力忠實於自己的選擇。

托爾斯泰作為一個人，作為思想家、哲學家而在歷史上留名，包括在我們的時代，因為他第一個宣佈了非暴力的哲學，非暴力的意識形態，非暴力的道德。我覺得，很難理解作為哲學家的托爾斯泰，其中的一個主要原因就在這裡。托爾斯泰學說的全部實質就在於拒絕暴力，在於非暴力的思想。接受作為哲學家的托爾斯泰，但又否定他的非暴力思想，就等於根本不理解托爾斯泰。

當然，在現代世界裡，有很多暴力，而且暴力可能在增加。這是不是相對於非暴力學說的反例呢？我認為不是，相反，這恰好是非暴力學說的證據。反駁托爾斯泰的非暴力學說，應該是這樣一個思想，如果暴力能夠幫助我們解決人們之間、民族之間的所有問題和衝突，那麼我們就可以放棄非暴力，而是依靠暴力來解決我們遇到的問題。事實上，我們應該承認，世界上有很多暴力，人們和政府都不願意放棄暴力，同時，我們也應該承認，暴力是通向災難的道路。我們關於未來的想像都是美好的，希望人們和民族都生活在和平與和諧裡。但是，我們能否在暴力的基礎上，在暴力的過程裡，通過暴力，借助於暴力來達到這樣的未來？當然不可以，因為暴力會強化敵視，而不是克服仇視，因此它無法引向這個美好的未來。托爾斯泰的學說在甘地、馬丁·路德·金等人那裡都獲得了非常好的延續，我覺得這個學說不僅僅是有生命力的，而且對人類是具有拯救意義的。作為哲學家，我無法想像另外的可能性。試想，兩個鄰居，在農村或其他地方居住，為了保衛自己的領地，始終想著如何防備對方，攻擊對方等，那麼他們將怎麼生活呢？其實，遺憾的是，人類就生活在這樣的處境裡。在這個意義上，托爾斯泰的非暴力學說永遠也不會喪失其現實意義。

托爾斯泰的非暴力學說有自己的支持者。此外，他自己做了很多工作，在所有國家裡尋找支持非暴力思想的人，幫助他們，聯合他們。就是說，托爾斯泰支持者的圈子的確是有的。但總體上，在非暴力的學說上，托爾斯泰遇到了不理解、敵視。比如，他的同事不理解他，哲學家們不理解他，索洛維約夫就不理解他，他自己的孩子、自己的妻子也不理解他，在這個意義上，他是個完全孤獨的人。

但是，托爾斯泰深深地堅信自己信仰的正確性。這個信仰，即非暴力的信仰，是托爾斯泰最重要遺訓。

第六章 作為理性界限的道德

原則上說,關於理性在道德行為裡的作用問題是個非常傳統的話題,顯然,和所有多少系統、專門地研究過倫理學問題的人一樣,我也思考過這個問題。通常都是從這樣一個觀點來考察,即在人的道德發展過程裡,理性與心靈裡非理性部分之間如何相互作用。這個問題與蘇格拉底傳統及其中的爭論交織在一起,它的另外一個維度是,理性在多大程度上是人的行為的組織原則,在多大程度上發揮反思的作用,在涉及到道德時,理性如何代表個體的利益,在多大程度上代表社會的利益,等等。總之,這都是在倫理學範圍內對這個問題進行考察的非常習慣的、傳統的角度。

道德是理性的界限,這個問題的提法之所以出現與下面的情況有關。兩三年以前,我們主持召開一次國際會議,邀請國際哲學研究院的人來到莫斯科參加會議。這是一個國際組織,總部設在巴黎,其中有很多世界著名哲學家。當初組建這個研究院時,就是要把世界知名哲學家集中起來,討論自己的哲學問題。作為會議的主辦方,我們有權提出需要討論的問題。正當我們思考選個什麼樣的問題供會議討論時,芬蘭著名邏輯學家亞科·欣蒂卡(Jaakko Hintikka,1929)建議我們探討理性及其界限的問題。他說,為什麼總是要探討社會哲學,政治哲學方面的問題呢?應該探討一個完全是哲學的問題。我們採納了他的意見。我本人專門研究道德問題,因此人們都希望我在這次會議上的報告能夠在我們的主題框架內探討一下道德可以發揮什麼樣的作用,即道德與理性界限的關係。在思考這個問題時,我與同事們進行討論,結果我得出一個結論,道德自身就是理性的界限。這就是本章主題的來源。

道德與理性之間的關係問題,在一定程度上應該與傳統的主題聯繫起來考察。具體而言,需要從理論理性與實踐理性的相互關係開始。理論理性,或者具有認識功能的理性,它能夠把真理與謬誤區分開,因此它自己可以確立自己的界限。有這樣一個類比,當光照向黑暗時,它自己確定自己的界限,光的界限是由光源的能量來決定的。這裡不需要到光線的外部去尋找光的界限,這些界限位於光的路徑上,就是光與黑暗接觸的地方。同樣道理,理論理性只受到自己能力的限制,只決定於它所能發現和確定的那些知識。

如果理論理性就是全部理性,即人的理性完全是理論理性,或者換言之,理性是人的唯一能力,那麼,理性就沒有任何限制,因此就沒有界限了。然而,人還是活生生的存在物,人是生物的存在物,活動的存在物,他不僅僅擁有理性,更何況是理論理性,他的存在無論如何不能由認識所局限。人是有理性的活生生的存在物。他合目的地行事,即有意識地行事。人的活動是這樣安排的:他先設定目的,然後尋找達到目的的手段。古代哲學家把目的界定為:為之而行動的原因。人的活動的進程與我們在沒有生命的自然界裡看到的情況正好相反。在自然界裡,一切過程都是這樣進行的:先有原因,然後才有結果。比如,如果希望這個物體處在另外一個地方,那麼我就要把它拿起來,放(拋)到另外一個地方去。一開始是原因,即我拿(拋)這個東西,然後是結果,這個東西處在那個位置上。在人的活動裡,次序是不同的。我們為自己設定目的,這個目的就是我們想要獲得的結果。我們想要在結果上達到的目的成為我們行動的原因。因此,結果就成了原因。為了實現這個目的，我們需要找到手段，借助於這些手段（在物理意義上就是原因），我們就可以達到這個目的。就是說，我們先有目的，然後採用手段。我們要達到的目的（獲得的東西）位於我們的行為的開端。借助於它我們可以獲得目的的那個原因卻在後面。所以，馬克思有一個非常好的類比。他說，任何一個好的建築師都不能達到蜜蜂鑄造自己的蜂房時所展示出來的藝術。但是，甚至最糟糕的建築師與藝術最高超的蜜蜂的差別就在於，在達到自己的結果之前，比如建造房子，建築師先在自己的大腦裡把它構造出來。就是說，建築師在建現實的房子之前，他先要在自己的大腦裡把它建造起來。只是後來，根據自己的規劃，組織自己的活動，在現實裡建造這棟房子：準備建制材料、雇工人，等等，這些都是一系列手段。

換言之，相對於人而言，他想要在現實中獲得的那個結果，在被獲得之前，就存在於他的大腦裡，以理想規劃的形式出現，這個規劃指導他的活動。因此，結果成為他活動的原因，依據這個原因，他尋找自己的手段。

我們換個方式看看蓋房子這個例子。如果這是個純粹（不需要事先設計）的自然過程，那麼，它應該如何發生呢？房子是如何出現的呢？按照自然順序，這個過程非常簡單：一些人挖坑、打地基，另外一些人搬磚、運土，每個人都在幹自己的事情，結果就出現了房子。和自然界裡的任何自然過程一樣，在這裡，人們的活動，比如工程師、建築師、工人等，都是原因、手段，借助於它們，我們獲得了房子。這是個純自然的過程，即先有原因，後有結果。如果我們把蓋房子的過程看作是人的活動過程，那麼會有什麼結果呢？我們先要在大腦裡有個規劃，就是說，結果（房子）卻成了原因，然後再去找手段去實現這個結果,於是，本來這些手段應該是原因，但卻成了我們大腦裡的房子規劃的結果。

為了使得作為人的合目的性活動得以實施，為了使得人提出目的並實現它，首先需要採取決定，他先要決定做這件事。在這一點上，作為實踐理性的理性開始活動。行動的決定（決定開始行動）就成了作為實踐應用的理性的界限。複雜性就從這裡開始。因為我們發現，在實踐活動裡，理性被非理性的力量包圍，理性被瘋狂力量所包圍，它遭遇到這堵非理性的牆。在這裡，理性不能再作為理論的、認識著的理性自然地、無障礙地呈現自己，即作為本來意義上的理性呈現自己。因為理性在這裡遇到了另外的、與自己是異質的力量。

理性首先遇到本能,這是人的生理本性。它遇到由人的社會存在所決定的各類利益。所以,理性已經不能僅僅遵循真理或非真理的標準了。它應該考慮到這些其他的力量,相對於這些力量而言,真理與非真理問題根本沒有任何意義。

真理與謬誤對人的生理本性來說有什麼意義呢?當然沒有任何意義。克雷洛夫有個關於狼和羊的寓言。狼想要吃羊,就對羊講,它為什麼要吃羊,並引用了各類證據。但是,羊把這些證據一個一個地給推翻了。狼無法證明,它吃掉這只羊是真理,是合理的。狼企圖使羊確信,羊犯了什麼錯誤,或做錯了什麼事情,因此作為結果,狼必須吃掉這只羊。但是,狼無法做到這一點。最後,狼已經無計可施,就說:我想吃,這就是你的錯。這才是狼的真實心理,至於什麼真理,什麼是合理性等,這一切都與狼無關,它就想吃掉這只羊。

同樣道理,在談到利益時,也是如此。利益也是單向的、自私的,和生理的需求一樣。任憑你怎麼向資本家說什麼真理，做道德說教，但是，他有自己另外的任務，他需要的就是利潤，所有其他的一切對他而言都沒有重要意義。他對你的真理、人道主義毫無興趣。在實際應用中，理性遇到這個敵視理性的環境，在這裡，理性當然不能在純粹的形式裡發揮作用，不能完全遵循真理的觀念。這是第一個問題，它使得我們的話題具有了緊張衝突的性質。

第二個問題是，理性當然要以一定的方式與這些敵對的力量相互作用，因為它們也參與到實踐活動裡，在採取決定時，也應該考慮到它們。在這裡，立即就會出現這樣一個問題。相對於這些非理性的力量，理性應該發揮什麼樣的作用？這些非理性力量包括人的生理本能，也包括社會的本能，它們都是理性所遇到的阻力。理性在組織自己的實踐活動過程裡，應該與它們發生相互作用。在這種情況下，理性應該做出決定。它或者僅僅是適應性的機制，幫助生理本能和社會利益獲得最大限度的實現。或者，它是支配的原則，使得這些非理性的力量　（本能和利益）服從自己（理性）的任務和目的。換言之，理性的使命或者僅僅是服務于自然和社會的自發力量，或者是把這個自然進化和自發力量自身提升到另外一個層次上,超自然的層次上,為存在自身制定另外的基礎。這個複雜的處境在哲學的意義上得到概括、反思,這就是所謂的真與善的關係問題。

在倫理學史上有兩個片段,它們可以解釋我們所要表達的思想。當智者派出現時,他們斷定,人們已經習慣了的關於人的善、美德的觀念具有隨意的特徵,這些美德依賴於人自己的立場。那麼,這個立場應該是什麼樣的呢?智者派的邏輯是,既然我們在社會生活中要獲得的東西依賴於我們,依賴於我們的理性,那麼我們應該這樣行事,以便獲得最大的好處。比如,我們應該利用說話的技巧(雄辯術),以便在法庭上獲得勝利,或者在公民大會上通過有利於自己的決定,或者在家裡,面對孩子,父母要達到自己的目的,等等。總之,智者派的立場就是利用自己的理智能力,獲得最大的好處。這些好處是多方面的,比如在社會上的有利地位,更多的尊敬,更多的益處,更多的錢,或者是滿足享樂,生活得更好,在社會上佔有更好的位置,甚至是騙過自己的鄰居(如果對自己有利的話),等等。為了達到這些目的,最好的手段就是理智的力量。這就是智者派的立場。他們到處遊說,說可以幫助人們獲得好處,但是要收費。因此，智者派也被稱為美德的收費導師，因此，他們也是收費的哲學導師。在歐洲哲學裡，歐洲文化傳統裡，他們就獲得了這樣的名稱——智者派，這是些哲學的收費導師。他們是老師，但為自己付出的勞動而向人們收費，因為他們教人們各類理智技巧，各類理智計謀，人們可以借助于這些理智的技巧和計謀獲得自己的好處。在這個活動裡，他們（智者派）取得了一定的成績，他們研究語法，研究一系列悖論。他們是理智上非常精緻的人。

智者派的創始人是普羅塔戈拉，他有一個非常著名的說法：人是萬物的尺度。普羅塔戈拉招收一個學生，開始教他如何作為辯護人在法庭上贏得勝利。普羅塔戈拉對這位學生說，我先不收你的學費，等你在法庭上獲得第一次勝利之後，你再付錢。他沒有提前收費，因為想要證明自己的教學是成功的。這類似于一個醫生，他對病人說，我給你治病，但等到病好了你再付錢。普羅塔戈拉的這位學生打算戲弄自己的老師，說我根本不去到法庭上打官司，所以，你永遠也無法從我這裡得到的錢。就像那位醫生，病人跟他說，我不治了，所以，你無法從我這裡得到錢。面對這樣一位搗蛋的學生，普羅塔戈拉找到了出路，證明自己是真正的老師。他說，好吧，那我自己到法庭上起訴你，說你不執行和我簽署的合同。這時就有兩個結果，或者我在法庭上獲得勝利，你就會根據法庭的判決來付給我錢。或者我在法庭上輸掉了，那時你就會因為贏得第一場勝利而付給我學費。這就是智者派，對他們而言，理性只是工具，他們工具性地利用理性。

智者派的反對者是蘇格拉底。他向智者派說不，認為理性的任務不是為人的好處和利益服務，理性不能成為達到其他目的的手段。理性的任務不在這裡，而在於說明人應該追求的真正目的在哪裡。他提出自己著名的論斷：美德即知識。

智者派認為，理性應該服務於人們的現實目的，蘇格拉底反駁說，理性應該說明人們應該追求的真正目的是什麼。蘇格拉底和智者派之間的對立對歐洲哲學的自我意識而言是很重要的。蘇格拉底被認為是真正的哲學家，他正確評價了哲學的作用，真理的意義；智者派則被認為是歪曲哲學使命的人。可以換個方式表述這個對立：智者派認為，美德就在於人們可以獲得自己的好處。蘇格拉底的立場不同，他認為，人們的好處就在於成為擁有美德者。

康德在另外一個不那麼緊張的形式裡表述了這個問題。他關注的問題是人為什麼需要理性。為什麼自然界的進化導致這樣一個結果，即人有了理性。康德認為，理性的出現，不可能是為了人能夠借助於理性而為自己提供生存的保證，也不可能是為了使人舒適地生活在大地上。因為如果這就是目的的話，那麼自然界可以通過更節約和更可靠的方式達到它。如果我們看一看，世界上的一切被安排得多麼地合理，自然界裡的存在物完全依靠自己的本能達到了多麼精緻的結果，那麼我們就應該得出這樣一個結論，假如目的就是在世界上舒服地存在，那麼這個目的可以通過另外的途徑來達到，就是通過自然界自身習慣的手段。當然，康德也指出，如果這樣的話，自然界可能需要更多的時間才能達到自己的目的。然而，自然界沒有必要著急。因此，理性的出現、產生不可能是為了這些沒有理性也可以達到的目的，儘管那樣的話（即沒有理性）可能需要更漫長的時間。那麼，理性的出現是為了什麼呢？康德說，只有一個東西沒有理性是不能實現的，這就是道德目的。換言之，如果理性的存在是為了什麼目的的話，那麼只是為了賦予我們活動的、實踐的存在以理性的意義，為了在理性的基礎上重建人的所有活動。在這個意義上，理性不是對始終存在的自然界過程的延續，而是對它的挑戰，是對它的克服，是其質上新的層次。

因此，理性受到限制，理性有界限。作為理性存在物的人，其存在自身就具有了衝突的特徵。

與理性的實踐應用有關的另外一個問題是，理論理性與實踐理性的時空體不同。對真理的認識可能是無限的，沒有任何原因要求對真理的認識在一定的時間範圍內實現。有一些數學上的謎，或悖論，數學家們苦思冥想幾百年，始終無法解決。他們可以對這些謎繼續思考下去，再思考上幾百年，上千年。在這裡，沒有這樣的原因，要求這些問題早點解決。對真理的認識，尤其是理論上，這是無限的過程，和我們所認識的自然界自身是無限的一樣。這不僅涉及到自然科學知識，也涉及到關於人的知識，比如關於人的本質問題，有那麼多的爭論，而且有那麼多不同的意見。沒有人說，這些爭論明天應該停止。為什麼要終止呢？這裡說的正是關於認識，對待世界的理論態度。

關於理性的實際應用，這完全是另外一回事。

理性的實際應用決定於生命過程的不間斷性，這是不能拖延的，它沒有這樣無限的時間和空間。在實際運用理性時，我們沒有時間和可能等待這樣一個時刻的到來，即我們所討論的全部問題獲得徹底解決，比如真理和謬誤的問題獲得徹底解決。在俄羅斯，醫生以及其他專家們在爭論，什麼樣的食品是有益的，什麼食品是有害的，什麼樣的食品在什麼時候吃，吃多少，這個爭論可以持續很長時間的，但是，我們每天都要吃飯，沒有人等醫生和專家們徹底解決那些問題後再吃。這裡就出現了緊張的衝突，理論認識追求思想和真理的純度，實踐認識被迫利用現有的知識，儘管這些知識是有限的和不完整的。在對理性的實際應用中，我們總會遇到真理與謬誤的某種混淆。

毫無疑問，理性的理論應用和實踐應用相互之間是聯繫著的，這是同一個理性，但是在不同方面或身位（就是基督教三位一體上帝裡的那個位格）的應用。它們是如何聯繫的，在這個統一聯繫中，什麼東西是決定性的，這也是爭論的對象。基督教的《約翰福音》開始于歐洲文化裡一句具有傳奇色彩的話：太初有道。在歌德的著名史詩《浮士德》裡，主人公浮士德經過長時間的思考，把福音書上的這句話翻譯為：太初有事業。真理是道，也是事業，哪一個更重要，這是有爭議的。但是，無論如何，這顯然是理性的不同指向問題。認識的基礎和焦點是真理。所以，理論理性的基礎和焦點就是真理。實踐理性的基礎和焦點則是目的。真理說的是存在的東西，不依賴於人而存在的東西。目的說的是將要存在的東西，借助於人而將要存在的東西。真理是客觀的，不依賴於人。目的是主觀的，它是否能達到，這在很大程度上依賴於人的努力。真理是普遍的，它對所有的人都是一樣的，比如二二得四，在中國、俄羅斯，在非洲，在全世界都是一樣的。但目的則有隨意性。在不同人那裡，目的是不同的。真理是某種東西的反映，目的是對某種東西的建構。總之，它們的指向是不同的。但是，在它們之間也有交叉點，有過渡，這就是決定，行動的決定，即決定要開始行動的過程，最後在某個目的上停止。在這裡，採取這個決定，這是實踐理性開始的地方，顯然，理論理性、真理的考量在這裡也發揮一定的作用。在實際應用中，理性的界限就是實踐自身的合理性。在這裡，決定性的問題是最高的終極目的。我們已經提到過的真與善的統一這個論斷在這裡獲得決定性的意義。這是永恆的和最基礎的哲學問題之一。

我們怎麼理解真理呢?對真理的倫理學上中立的定義是,針對有的東西,我們說有,針對沒有的東西,我們說沒有,結果就擁有了真理。我們關於客體的觀念符合客體,這就是真理。關於現存的事物,我們按照它的樣子談它的時候,我們就擁有了真理。當我們不按照它存在的那個樣子談論它,我們就陷入到謬誤。這裡沒有任何神秘主義,沒有任何複雜的東西。但是,我們通常把真理與謬誤的概念相互對立起來。它們是如何對立的呢?我們把真理置於高於謬誤的地位上。我們說,要追求真理,避免謬誤。為什麼我們這樣做,依據是什麼?認識論(гносеология, теория познания, эпистемология)自身不能為這個問題提供答案。從現實客觀世界裡也無法獲得這樣的結論。因此,真理不僅僅是存在的東西,不僅僅是對存在的東西的真實反映。真理是這樣一種東西,應該追求它。在這個世界上有某種真理,某種原因,它迫使我們把真理置於高於謬誤的位置。所以,認識論追求的不僅僅是真理,而是真理的真理。有一種最重要的真理,人應該追求它,人必然把它置於高於任何論斷和任何謬誤的位置。

我們談到蘇格拉底之死，他被判處死刑。他是作為哲學家而死的，因為自己的信念而死。他呼籲雅典人思考什麼是美德、正義等等。蘇格拉底是喝毒藥死的。這是事實。與此同時，一條瘋狗被殺死了，這是另外一個事實。那麼它們是一樣的事實嗎？俄羅斯哲學家舍斯托夫就是這樣提出問題的。從純粹的認識，從理論認識關係的角度看，它們都是事實，都存在過，在這方面沒有任何差別，在一個地方殺死一條瘋狗，在另外一個地方殺死了蘇格拉底。舍斯托夫說得非常好，我們為什麼需要這樣的認識論，為什麼需要這樣的世界？如果在這個認識論裡，在這個世界裡，殺害蘇格拉底的事實與殺一條狗的事實完全是一樣的，在這兩個事實之間沒有差別。蘇格拉底的學生柏拉圖也是這樣說的，他建立了自己的唯心主義體系。另外一位俄羅斯哲學家索洛維約夫有一篇文章，題目是《柏拉圖的精神悲劇》。索洛維約夫認為，柏拉圖的唯心主義是柏拉圖面對自己所喜愛的老師之死而經歷的震動的結果。這個震動的意義，或者說柏拉圖的思維進程是這樣的：在其中殺害了蘇格拉底的世界是個什麼樣的世界呢？要知道蘇格拉底是最好的人，殺害他，正是因為他是最好的人。蘇格拉底的死，不是偶然的，不是自然災害，而是由於一個有意識的決定而殺害的，這個有意識決定是雅典人做出的，是雅典城邦做出的決定。雅典城邦被認為是國家建制的頂峰。雅典人用自己的決定有意識地殺害了蘇格拉底，這個最好的人。根據索洛維約夫的思想，柏拉圖得出了一個意外的結論，這個世界不可能是最後一個、終極的世界，因為在其中殺害了蘇格拉底。柏拉圖的思想是，可能存在另外一個世界，在那裡，不會殺害蘇格拉底，也不應該殺害他。作為哲學家，柏拉圖開始構造和思考，那應該是個什麼樣的世界。他建立了自己的哲學神話，說存在另外一個世界，那是理念的世界，其中心位置是善的理念，如同（我們世界的）太陽一樣。我們這個世界，就是在其中做出殺害蘇格拉底的愚蠢決定的這個世界，不是真正的世界，而是對那個真正世界的某種複製品，糟糕的反映、影子，是偽造品。

我認為，哲學總是包含某種烏托邦的東西。在這個意義上，哲學是文化的烏托邦。可以說，哲學家都在創造文化裡的這樣一些烏托邦，這樣一些世界，在這裡不會殺害蘇格拉底。哲學家們不接受這樣的世界，在其中人們相互殘殺，更何況殺害像蘇格拉底這樣的人。於是，哲學家們在思想上重建、建立另外一個世界，在這裡，人們不再相互殘殺，他們在另外的基礎上生活。在哲學家們建立的世界裡，真理同時也是善，真理就是人應該追求的東西，而不僅僅是存在的東西，真理自身就是美。這不僅僅是古希臘哲學家們的思路，他們完全指向完善的生活方式，而且也是一般的哲學家們的思路，甚至有唯科學主義傾向的近代哲學家們也堅持這個思路。比如偉大的法國哲學家笛卡爾，他是位有科學指向的近代哲學的重要代表人物。他制定科學方法論，寫出了自己的名著《方法談》，在這裡，他提出作為出發點的哲學原理：我思故我在。這句話已經成為歐洲哲學的標誌性口號。在這部著作裡，笛卡爾寫道：我得出自己的結論，因為我想找到一條作為人的我要走的道路，我想為自己找到最好的一條生活道路。總之，從哲學角度看認識論，在與實踐理性的統一中看認識論，那麼，它就是對真理的尋找，這個真理自身就是善。換言之，在認識論的基礎上一開始就包含有要求對善的追求。

我們在這裡談到善，由此就進入到倫理學領域。在亞里士多德看來，人在自己對善的追求中，指向的不是一般的善，而是最高善，是終極目的。這種善是顯然的，在自己的明晰性上是絕對的，它符合真理的標準，它符合認識論中的真理所擁有的那些標誌。就是說，在獲得正確解釋的真理中，有指向善的趨勢。在自己的正確理解裡，作為最高善的善，也有自己真理的基礎。因此，這就是道德的絕對要求，道德既表現在它是最高的善，也表現在它作為實踐理性，作為對最高善的指向，同時也是理論理性的前提。道德與理論理性之間有直接聯繫，道德就是理論理性的邊界、界限、極限。

我們到哪裡去尋找道德的絕對要求？倫理學之父亞里士多德說，倫理學的目的不是認識，而是行為。我們研究美德，研究倫理學，不是為了知道什麼是美德，而是按照美德的方式行事。亞里士多德認為，美德自身也不是知識的總體，而是人的心靈的基礎、技能，是心靈的習慣，習慣了的狀態，就是在活動、行動過程中形成的東西。

一個人會開車，不是因為他研究過發動機內部的結構，熟悉發動機的工作原理，研究過汽車的構造，也不是因為他有機械方面的理論知識，而是因為他掌握了一種開車的技能。而且，在形成這個技能之前，比如變速，加油等等，他肯定要學習開車，經歷一個學習的過程,在這個過程裡,他成百上千次地嘗試、練習開車的各種技術和技巧,最後形成開車的技能。美德也是一樣,是在行為和活動中形成的技能。有這樣一個說法,站在河邊永遠也學不會游泳,應該跳進水裡去學。因此,倫理學就與行為有關。

亞里士多德說,行為就是人的理性的最後的給定性。具體地說,理智、理性的存在是為了最初的定義。當需要概括時,需要理論理智,它在概括中達到最初的定義。在證明時,理智與最初的定義有關。這些定義在證明過程中是不能改變的。這裡說的是證明,證明是認識的程序,是理論理智。理論理智尋找第一原則,可以說,這是最高的概括。但是,當我們說到行為時,理智與最後的給定性有關。可以這樣說,一方面理智指向普遍,這是理論理智。它尋找這個普遍的東西,就是終極的東西。當理論理智指向這個普遍的東西時,結果它就會走向第一原則。在另一個方向上,理智指向具體真理,這時它走向具體、部分的東西,就可以達到行為。理論理智遇到第一原則,實踐理智遇到行為。換言之,行為是理智可以控制的終極給定性、最後的事物。因此,行為不能從概括裡獲得的,不能從規則和規範裡獲得。每一個行為都是它自身。在這個意義上,行為是理智的界限。亞里士多德甚至說,為了認識行為,需要一種特殊的能力,即心靈的眼睛。我們也說過,某個行為是不是合乎美德的,不能根據一般的規則去判斷。每個場景,每個人,每個行為都要單獨判斷。為了理解這一點,亞里士多德說,存在著心靈的眼睛。其實,他所說的東西,可以在我們的一般生活裡觀察到。人們在平時區分善惡時,是沒有問題的。每個人都知道這些東西,這根本不是問題。當然,人們有時自己,有時借助于哲學家,施展計謀,欺騙自己,把惡當作善,杜撰各種類型的詭辯,等等,但是,他們畢竟有一種能力把這些東西區分開來。他們也可能犯錯誤。因為不同的人按照不同的方式判斷事物。但是,這種區分善惡的能力的存在是作為理性存在物的人存在的條件和基礎。托爾斯泰說過,如果人活著,他就會相信點什麼,如果不相信什麼,那麼他就不會生活下去,沒有信就不能生活,信就是做出這種區分(善惡)的能力。康德也提出這樣的思想,即道德法律就是理性的界限。

巴赫金是20世紀俄羅斯的偉大思想家,他的創作只有現在才在其全面意義上獲得認識。他有一部短篇著作叫《行為的哲學》。這部作品寫於上世紀的20年代，當時是手稿，後來曾經丟失過。60年代被重新發現，並首次公開發表。儘管這是一部未完成的作品，但毫無疑問，這是一部最出色的作品，比如針對倫理學而言，對於理解很多倫理學問題而言，包括我們現在談的問題，它都能夠提供非常有價值的參考。

巴赫金說，活動、行為向兩個方面展開，一方面向世界、客觀現實，另一方面向主體、實施行為的那個個體。當我們說到行為時，應該區分行為的存在與行為的內容。行為的存在指的是行為存在的事實，行為的內容是行為的質的特徵。在自己的存在裡，或者作為事實，行為向主體方面展開，依賴於主體，但就自己的內容而言，行為指向世界，依賴於世界。與此相適應，我們有兩個類型的責任，道德責任和專門的責任，這是巴赫金的說法。道德責任是為行為的這個事實負責，即行為發生了，為行為的責任。專門的責任是對行為的內容負責，這裡包括我們擁有的知識、技能、習慣等，關於世界的所有知識和觀念都包含在這裡。在這裡還包括作為科學的倫理學，規範和規則等。這一切都在道德責任之外，構成一個專門領域，即專門責任。

最重要的是，這兩種類型的責任之間的關係如何。具有首要意義的毫無疑問是道德責任。而且，道德責任無論如何不依賴於專門責任。它不依賴於人所擁有的知識，不依賴於他要遵循的規範，或者周圍的人是怎麼想的，等等。因此，道德責任就是實施行為的決定，除了實施這個行為的人之外，任何人都不能做出這個決定。之所以任何其他人都不能替他做出決定，因為任何行為都是在具體位置上實施的，就是這個人所在的那個位置，這個位置"被占了"。因此，作為道德責任對象，行為總是唯一的。作為道德責任主體的人就是個唯一者。伊斯蘭教和基督教在爭論，如何理解上帝的唯一性。對巴赫金而言，在這個問題上是沒有疑問的，作為道德責任的主體，人是唯一的，在這個意義上，他就是上帝，作為上帝而行為。所以，是否實施行為，這個決定不依賴於它的內容。

現在我們用從索洛維約夫那裡拿來的一個例子來展示一下。當他討論倫理學功能的特點時，提到了這個例子。假如你到火車站，看列車時刻表，有這樣一些信息，哪趟車到哪裡去，幾點發車，票價是多少，等等。從這個時刻表裡，無法獲得結論，你去哪裡。就是說，從規範裡無法得出行為。因此，從專門責任向道德責任的過渡是不存在的。你可以指出一個類型的行為，或者具體的一個行為，動員世界上所有可能的哲學家，說這是最好的行為，你可以描述和展示這個行為，讓世界上最優秀的藝術家、音樂家幫你，借助于任何資源，來表明這個行為是最好的。但是，你在這個描述裡找不到任何東西可以說明，為什麼我應該實施這個行為。道德學家提供最好的綱領，提供最好的規範，但是，他們不說，為什麼我應該遵循這些綱領和規範，為什麼我在這個具體的地方要實施這個行為。要知道，我處在一個不可重複的處境裡，這是唯一的處境，我到這個世界來是作為唯一的人，儘管我有自己的名字，名字是一般的，可能有人和我的名字是一樣的。但是，我是唯一的。為什麼我應該這樣做，而不能按照另外的方式去做，任何一個道德學家，任何規範，都無法告訴我。

當今世界上有個非常特殊的情況，主要是在穆斯林的東方出現了自願送死的人（смертники），他們把自己爆炸，以表達抗議。的確，人們無法理解，怎麼能夠把自己給炸死，為什麼這樣做呢？這個行為違反了所有的觀念。從我們的任何原理和論點裡，都無法得出這樣的行為。但是，他們（自願送死的人）

的確在這樣做。有人這樣說,伊斯蘭教裡說,如果人為了信仰而死,他就會去天堂。因此,很可能是因為這一點。是的,伊斯蘭教是這樣說,但是,並非所有的伊斯蘭教徒都這樣做,有人這樣做,但有人不這樣做。為什麼有人這樣做,有人不這樣做,從剛才伊斯蘭教的那個說法裡無法解釋。不能從專門責任裡推導出道德責任。關於實施行為的決定不是任何普遍論斷的功能。無論是命令,還是規範,無論什麼,由此都不能做出決定,作為一個具體的人的我應該實施某個行為。因為行為的唯一和終極基礎,就是我的決定,即我要實施這個行為。在這裡,在我的決定裡包含了行為的終極道德基礎。理性的權力,認識的權力,在這裡結束了。這是理性的界限。理性可以說,這不好,而且還可以舉出大量的例子,提供另外的規範體系,證明體系,等等,但這一切都不是依據,個人決定就是理性的界限。

所以,從專門責任向道德責任的過渡是不存在的。相反,從道德責任向專門責任的過渡是存在的。讓我們返回到索洛維約夫的例子,在我決定了要到什麼地方去之後,我非常想要知道列車時刻表。我需要知道,票多少錢,有什麼樣的車廂,等等,我開始考慮這些因素，但這一切都是在我知道、決定到哪裡去之後。

我們再看看前面剛提到過的自願送死的人的例子。一旦我決定自願地去死，那麼，我就需要瞭解，怎麼做才能不讓別人發現，把炸彈藏起來，我要動用自己所有的知識，同時我可以思考，怎麼做才能不讓別人罵，或者相反，讓所有人都知道，等等。簡言之，這時我就會去求助於所謂的專門責任，但這是在我採取決定之後的事情了。在專門責任的世界裡，在知識的世界裡，在規範世界裡，在倫理觀念的世界裡，用巴赫金的話說，我就是一個系列裡的一環、一份，多中的一。在這裡，可以把他替換掉的。但是，在道德責任的世界裡，人是唯一的。巴赫金認為，唯一性是存在的在場的義務。由我們存在的唯一性的事實可以導致我們道德責任的必然性。巴赫金有個非常著名的界定：在存在上，人不能不在場。不在場（алиби）是個法律術語，你可以說，當時我不在場。說到存在的話，你不能說你不在場，因為你就在存在裡。甚至當你決定走出存在，擺脫存在時，這也是存在的行為。因此，人不能不成為在道德上有責任的。有時候倫理學家們想，為什麼人應該做點什麼，應該實施道德行為呢？巴赫金的答案非常簡單，因為他在存在裡沒有不在場，他不能不這樣做。作為理性的存在物，人不可能按照另外的方式存在。

關於行為，不能說它是真的還是假的，關於道德行為也不能這樣說。為什麼呢？為了這樣說，需要先實施這個行為。至於說道德知識，道德觀念，那麼它們相對于道德行為而言也是次要的。在《聖經》裡說，上帝創造了世界，是這樣描寫的：上帝造了天、地、光，然後，他才說，這很好。先創造，創造世界、天、大地、光，然後再評價說，這很好。同樣，巴赫金說，道德主體也這樣做。他實施行為，然後這個行為才進入到道德理論的範圍裡，然後我們才說，這個行為是好的、壞的、善的等等。所以，這些道德觀念，包括倫理學說的存在是為了事後把業已實施的行為納入到人的世界裡。

巴赫金說過兩段話，它們非常鮮明地勾勒出我們的主要思想。如前所述，道德行為，道德責任不依賴於專門責任，不依賴於知識、理論等等。巴赫金對自己的這個思想是這樣表述的："讓我承擔義務的不是義務的內容，而是我在義務內容下的簽名"。另外，行為是理性的界限，行為的實現位於知識、概括和規範等之外，對這個思想，巴赫金是這樣表述的："在自己的整體性上，行為比合理性更多（高），它是有責任的"。

行為一旦發生，不可更改。如果在專業領域犯了錯誤，在工作上出現差錯，有人可以替你糾正。但是，行為一旦做出，是不能更改的。行為主體必須對所做行為負責。

道德行為是理性的界限，是理性能夠達到的極限，但這還不意味著，道德行為低於理性，相反，它高於理性，因為它是有責任的。作為負責任的行為，它為什麼高於理性呢？因為在這種情況下，我們拿來冒險的不是自己的知識，自己的特質，而是我們自己，我們的存在。

第七章 我應該不做什麼？

"我應該不做什麼"，這個問題與康德為勾勒哲學對象域而提出的四個問題之一相關。他提出這樣四個問題：我能知道什麼，我應該做什麼，我能夠希望什麼，什麼是人。"我應該做什麼"的問題標誌著哲學框架內倫理學的對象域。這個問題也是對作為哲學倫理學對象的道德自身的第一個界定。哲學倫理學恰好被看作是對"我應該做什麼"，或者"當人以自己的名義行動時，他應該做什麼"的分析。

值得注意的是康德如何提出這些問題。這四個問題都是以第一人稱提出來的。這一點展示了一個一般的思想，即哲學不僅僅是一種類型的認識，而且也是一定的生活立場。在這些問題裡，哲學知識的對象不是被描繪成無個性的、客觀的，而是個性的立場，就是我應該做什麼。我們在這裡對康德的肯定說法，即"我應該做什麼"，做出補充，用一個否定的說法補充，即"我應該不做什麼"。

我們認為，否定的說法能夠更正確地反映道德的這樣一些特徵，它們在哲學倫理學裡獲得了清楚的表達。我們曾經以不同的方式強調過，對於理解道德而言，有重要意義的是這樣一個事實，在人的合理活動的範圍內，必須假定某個絕對的、終極的目的的存在。當談到亞里士多德時，我們就提到過這一點。他說，必須提出終極目的，它永遠不能成為手段。托爾斯泰說，人的有意識的生活總是要獲得反思，這個反思指向對生命意義的一定理解，否則的話，人的有意識的生活就是不可能的。正是這個絕對的目的，生命的某種意義為人的行為制定了道德指向。我應該做什麼，這個問題要求解釋，什麼樣的行為自身就是有價值的，作為活動主體的我可以將其看作是自己的義務。道德行為是否可能，如果可能，那麼如何可能？所謂的道德行為就是完全以道德動機為基礎而實施的行為。

為了回答這個問題，我們先考察行為的雙重動機的觀念。這個觀念很重要，它貫穿歐洲倫理學史的始終，對思考道德行為來說，也是非常重要的。在荷馬史詩裡已經包含了這個觀念。根據傳說，在《伊利亞特》裡描寫的特洛伊戰爭是由諸神安排的。與此同時，這場戰爭也有完全是人的原因。戰爭的發生是因為特洛伊國王之子鮑裡斯偷了希臘國王墨涅拉奧斯的妻子。因此，這場戰爭有兩個原因。一方面，它是由諸神安排和實現的，另一方面，它也是由完全是人的衝突導致的。荷馬史詩裡主人公們的所有行為都有這樣的雙重動機。荷馬史詩的關鍵片段之一是，在戰爭中，阿基里斯 (Ахилл) 戰勝了赫克托爾（Гектор），將他的屍體拿回來作為戰利品，並開始侮辱這個屍體。阿基裡斯把屍體綁在戰車上，在地上拖屍體。後來，根據宙斯神的命令，阿基里斯把赫克托爾的屍體還給了他父親，國王普里阿摩斯（Приам）。阿基里斯這樣做的一個原因是神的命令。但是，還有另外一個原因。赫克托爾的父親，國王普里阿摩斯去找阿基里斯，請求他歸還兒子的屍體，並願意給一大筆贖金。阿基里斯拿了贖金，歸還了屍體。實際上是把屍體給賣了，做了交換。一方面，阿基里斯執行神的旨意，另一方面，他按照正常人的心理行事，拿了贖金。荷馬史詩是這樣編撰的，人在大地上所做的事情，都有奧林匹斯山上的諸神事先的思考、討論、籌劃和指導。其結果是，主人公們所做的事情就是諸神所希望和要求的。在這裡，兩個系列的動機是一致的。

後來，雙重動機的觀念獲得保留，而且逐漸地過渡到倫理學。但是，這兩個系列的動機之間會發生分歧，我們看到的結果是，它們徹底地分離，並且成為對立的。比如在蘇格拉底那裡，有自己的神，自己的魔鬼，這是雅典人對他的一個指責。蘇格拉底的這個神、魔鬼是某種無法理解的內心聲音，它事先向蘇格拉底通報一些行為。蘇格拉底說，我感覺到，在我心裡還有個一人，他有時對我說，我不應該做什麼。每一次我聽從這個聲音，總是正確的，總是可以實現的。這個聲音從來沒有對蘇格拉底說什麼肯定的東西，總是警告他不做什麼，比如，不要去某個地方，克制某種行為，等等，總是建議他不要做某事。蘇格拉底說，我不知道，這是什麼聲音，來自哪裡，為什麼它說這說那，但是，每當我聽從它，總是對我有利的。在倫理學範圍內，蘇格拉底的這個論述經常被解釋為人的良心觀念的初始形式。

在斯多葛派的倫理學裡，我們也可以遇到這個雙重動機的觀念，關於這一點，我們前面曾經提到過。斯多葛派在人的行為裡區分出兩個層面，低級層次，經驗行為，或者如他們所說的應當的行為，是由自然需求、社會條件決定的。在這裡，發揮作用的是人的一般動機、利益，對榮譽的渴望，愛和恨等。至於說人在這個層次上的行為，它們都被事先絕對地決定了，無論如何不依賴於人自己。那麼，什麼東西依賴於人呢？依賴於人的只有這樣一點，他如何對待自己的命運，或者是如何對待命運的狀態。他或者接受發生在他身上的一切，似乎是他自己就希望這樣，這時他的立場就是符合美德的。或者他嘗試改變自己命運中的某些東西，對它們進行抵制，他的行為就是惡的。依賴於人的只有這個內在的態度，即他如何對待自己的命運，是接受命運，還是對命運進行對抗。斯多葛學派的智慧在於，堅定、勇敢地接受所發生的一切。在這裡，我們也可以看到雙重的動機。第一個動機是純粹經驗性質的，它符合心理動機、社會利益，比如，任何人都追求改善自己的健康，克服疾病，任何人都想成為富有的，而不是貧窮的，任何人都希望自己有朋友，而不是敵人，這是一般的經驗動機層面。與此並列的另外一個層面的動機是道德動機，它依賴於人自身。

在康德那裡，我們也能看到道德動機的這種雙重性。他認為，道德動機是完全自治的，它僅僅在於對道德法律的尊重，只符合道德義務，因此與由人的各種愛好決定的所有其他動機不同。義務與愛好的對立，它們之間的差別和區分，是康德倫理學裡關鍵的與核心的觀念。康德認為，可以從兩個不同方面看行為。如果從外部看行為，把行為看作是世界的一部分，那麼這個行為就被納入到因果聯繫的體系裡，被納入到決定論體系裡，和任何其他現象一樣，行為也是必然的。如果從內部看行為，它就呈現為自由的。

因此，從外部看，人的行為是被決定的。從內部看，人的行為是自由的。道德動機就是從內部看行為。對行為的這些不同的投影（從內部和從外部看所獲得的不同結果），是完全相互獨立的。康德用這樣一個例子來描述自己的這個思想。一個玩牌的人，他通過欺騙的手段贏了很多錢。儘管他對自己得以欺騙對手的行為感到滿意，但是在自己的內心裡，他感覺到自己的行為很卑鄙，因為他欺騙人。在這種情況下，這是兩個完全不同的標準。就同一個行為，一方面我感到滿意，因為我實施了它，但另一方面，我譴責這個行為的發生，這兩個評價，一個是滿意（我贏了錢），一個是譴責（我欺騙了），它們來自于不同的根源。

這就是康德的觀念，從內部看，行為是自由的，我們根據內部觀點把行為看作是依賴於我們的，

149

這與外部觀點不同,從外部看,行為是被決定的,不依賴於我們的。康德的這個觀念由托爾斯泰繼承了。

在巴赫金那裡,我們也可以看到雙重動機的觀念。前面我們說過,在他那裡,有道德責任,這是對行為的事實的責任,還有專門的責任,這是對行為內容的責任。針對行為的道德責任只能確認這樣一個事實,行為是我們的產物,完全依賴於我們的決定。專門責任由外部作用決定,由這樣一些知識和其他東西決定,它們就是在外部作用之下在人身上形成的。專門責任把行為看作是世界的因素,被納入到世界裡,被納入到外部現實裡。

總之,存在兩種不同類型的行為動機,它們是按照這樣的標準來劃分的,即在多大程度上它們依賴於活動的個體,以及個體在多大程度上把自己等同於這個動機。因此,行為似乎是在兩個天平上稱量。一方面是道德天平,即這個行為是某個人的行為,他把自己與這個行為等同起來,他為這個行為負責。這是理想的天平。另一方面,行為在現實天平上稱量。在現實天平上可以稱出來這個行為在所有其他行為中間的地位和意義,就是這個行為在世界裡的地位。道德動機被看作是這樣的動機,它們對行動的個體而言是更加隱秘的，行動個體作為個性把自己與這些動機等同起來。這些動機與所有其他動機區別開，並與它們對立。

在哲學倫理學框架內，對人的行為的這個解釋把道德動機突出出來，將其看作是一種特殊的東西。這個解釋與一般的觀念是一致的。一般觀念在於，道德動機被看作是無私的。無私被認為是這些動機特有的特徵。人們認為，道德動機、道德行為意味著人實施這些行為只為行為自身，而不是為了其他什麼東西，比如好處，外在目的等。實施這些行為的人認為，它們是正確的。行為被看作是完全依賴於人自己的東西。這個觀念在懺悔的現象裡獲得了非常好要的描繪和呈現。如果從純粹經驗的角度看，從嚴格的科學觀點看，懺悔現象是某種荒謬的東西。懺悔現象不僅僅在於為他自己所做的壞事感到後悔，在懺悔現象裡，人嘗試更改自己所做的事情。針對他後悔的那個事情，他認為這個事情不應該發生。這個態度完全依賴於他自己。過去是不可更替的，過去的東西永恆地發生了，是不可能改變的，所有的物理學規律都是這樣告訴我們的。懺悔現象確定對待過去的這樣一種態度，似乎可以把過去更改、取消。針對人曾經實施的愚蠢行為，懺悔現象制定這樣一種態度，似乎他沒有實施這個行為，他似乎取消了這個已經發生的事實，似乎取消了自己所做出的行為。他要取消這個行為，不是為了追求忘記這個行為，將其看作是可怕的噩夢。相反，他取消這個行為，是因為他無法忘記這個行為。他經常把這個行為放在天平上，放在自己的面前，這是一種提醒，不應該實施這個行為，這是一種保證，以後這類行為不再發生。懺悔現象的意義在於，從道德因果系列裡把所發生行為根除，讓它在這個人的道德經驗裡不再延續。

盧梭在《懺悔錄》裡講述這樣一個片段，他在少年時代做出一個不好的行為，偷了什麼東西，又把這個罪過轉嫁給別人。在《懺悔錄》裡，他多次返回到這個片段上來，經常回憶它，不讓自己忘記它。這對他而言似乎是一種保證，以後不會和不應該再發生這樣的行為。這個懺悔現象恰好表明，行為的道德動機佔有非常特殊的、單獨的位置。

當我們說雙重動機時，這裡有兩種類型的動機，它們代表對同一個行為的不同立場、觀點。道德動機所發揮的作用，與在荷馬的描述裡諸神在英雄們的行為裡所發揮的作用是一樣的。在道德動機裡，諸神不是住在奧林匹斯山上,而是住在人身上。

那麼,這兩個動機系列之間是如何相互聯繫的呢?一般而言,動機回答的是這樣的問題,行為為了什麼而發生?動機說的是行為的目的,這些目的是主觀地被提出來的。

道德動機見證的是人把自己看作是行為的原因,把行為看作是他按照自己善良意志發出的,他發出這個行為不依賴於任何東西。道德動機是這樣一種東西,借助於它,個體把自己與自己的行為等同起來,讓自己為這個行為徹底負責,即人可以說,是的,這是我做出的行為,是我的行為。

道德動機如何被納入到全部動機體系裡,它與人的行為的其他動機是什麼關係?道德動機在所採取的行為決定的最後階段才發生作用,就是當意圖直接過渡到行為的時候,類似於整個動機過程的發射裝置,就是該決定:發還是不發。比如說,凱撒,他必須決定,到底是否渡過魯比肯河(這是個關鍵的決定)。

因此,這不僅僅是兩種類型的動機系列,而且是兩個不同層次的動機系列。道德動機是特殊的層次，它與所有其他動機並列，而且不依賴於它們。我們可以這樣說，道德動機是在採取決定的最後一個時刻發揮作用。道德動機的作用在於，或者打開行為大門，或者關閉行為大門。或者允許行動發生，允許意圖從主觀領域過渡到客觀領域，從理想領域過渡到現實領域，或者不允許行為發生，將其扼殺在意圖的搖籃裡。

在這裡，我們打算突出強調一下，打開行為的大門和關閉行為的大門，這是不同的程序。當我們打開行為大門，行為發生時，道德動機就成為相對於所有其他實用主義動機而言補充性的動機。在這種情況下，道德動機可以補充所有其他實用主義的動機，它們混雜在一起，因此無法把一個與另外一個區分開。在任何活動裡，都有道德動機。但是，同時，針對任何行為而言，都無法判斷，它們是否按照道德動機發生的。有這樣的哲學家說，人的所有行為都是自私的。比如，俄羅斯思想家車爾尼雪夫斯基就是這個觀點的鮮明代表，他發展出合理利己主義的觀念。他說，人的所有行為都是根據自己的利益，根據自己的利己主義而做出的，根本沒有無私的行為。他認為，甚至當人們做出某些自我犧牲的，違反自己利益的行為時，他們也遵循利益，因為他們知道，這樣的行為會受到很高的評價，他們希望自己作為無私的人和英雄而獲得承認。

的確，所有的活動都是有原因的，比如，外部的、心理的原因等，因此，針對任何行為，無論人做出什麼樣的行為，都可以說，這是自私的，他之所以做，是因為對他有利。與此同時，針對任何行為，都可以說，它們是合乎道德的。所有的行為都可以按照善的軸心呈現出來，其實人們都在這麼做。比如，人總是為自己的所有行為辯護。在最一般的形式裡，善可以界定為我們所追求的東西。因此，我們做出的所有行為，我們追求的一切，就定義而言，都可以解釋為善的。惡就是我們想要避免的東西。因此，針對任何行為都可以說，如果它是惡的，那麼你是不會做的，既然你做了這個行為，那麼就可以把它看作是善的，歸結到善的名下。人們固有這樣的習慣，總是把自己所做的一切當作是善。針對一切卑鄙行為、犯罪行為，那些實施這類行為的人都會在道德上對它們進行辯護。陀思妥耶夫斯基作品《罪與罰》裡的拉斯科利尼科夫在殺害老太婆之前幹了什麼呢？他長時間在捉摸，寫文章，向自己證明將要實施的行為是合理的：這是個毫無用處的老太婆，對所有的人都有害，如果他殺了她，獲得她的錢，那麼我就可以做很多善事。他在為自己的犯罪行為尋找道德基礎。再比如法西斯分子，他們的罪行是很難想像的，但是，他們也嘗試在道德上對自己的行為進行辯護，用某種良好的動機來掩蓋罪行。當談到針對猶太人的種族滅絕時，法西斯分子領導人仔細地跟蹤和檢查，不讓那些參與這個行為的人做出自私的行為，不能隨便拿金銀財寶，不能有貪贓行為，強迫他們把這個（屠殺）行為看作是自己的義務。

總之，這是個著名現象，即惡被當作善，最十足的侵略者也聲稱為和平而戰，他們就是這樣裝扮自己的。因此，當道德允許行為發生時，道德動機與實用主義動機結合，這時，很難將它們區別開來。於是，任何行為都可以被人裝扮成合乎道德的，同樣，也可以把任何行為解釋為自私的，不道德的。在這種情況下，道德動機是補充的，原則上說，它們甚至是多餘的，因為這些行為完全可能在沒有道德動機的情況實施。至於一個行為是否能夠完全由於道德動機而實施，這已經是個很大的問題，因為這是很可疑的。

道德動機的功能，至少是其主要功能，就是當某個行為處在被構想和籌劃的時候，在這個過程的最後階段，最後時刻，道德動機將決定：打開大門，還是關閉大門。當大門被打開時，我們說過，道德動機與實用主義動機混雜，它們之間難以區分，以至於針對任何行為，都可以說它是自私的，也都可以將其歸入到善的概念之下，而且人們就是這樣做的。但是，如果道德動機關閉大門，阻止行為發生，那麼我們就有了完全不同的情況。在這裡，道德、道德動機就是行為沒有發生的唯一基礎、原因。如果在前一種情況下，在做出肯定的決定時（行為發生），我們不能確切地說行為是依據道德規範而發生的。那麼，在第二種情況下，我們可以說，這（行為沒有發生）是道德禁令的結果。我們稱禁令所導致的結果為否定的行為（негативный поступок）。

可以這樣來描繪否定行為：否定行為就是獲得實現的道德禁令。那麼，否定行為有哪些特徵呢？這不僅僅是沒有的東西，不僅僅是沒有獲得實現的行為。否定行為是這樣的行為，它沒有發生，儘管有實現它的願望，它不顧這個實現它的願望而沒有發生。舉個例子。一個人沒有傷害另外一個人。如果他沒有傷害另外一個人，那麼，不能說他實施了某個行為，因為他並沒有實施這個行為。如果我想要傷害一個人，而且我有很多原因去傷害他，但是我沒有這樣做，在這種情況下，就可以說，我的行為就是否定行為。如果一個人沒有偷任何東西，他當然沒有實施偷盜行為，但這不意味著，這是個否定行為。但是，如果他非常想要偷東西，他非常需要某個東西，比如，這可能是個非常漂亮的東西，也許他許諾要送給誰這樣的禮物，所以，他非常想偷它，但是，他不去偷這個東西，在這種情況下，這就是否定行為。

否定行為有以下標誌。第一個標誌是不顧實施行為的願望，對這個行為給予禁令。第二個標誌是出於道德動機而施加禁令，對某個行為施加禁令，是因為它被認為是道德上不允許的。在這個意義上，否定行為可以被認為是肯定的，它在自己的否定中是肯定的。這個肯定性就在於，該行為沒有實施，是因為義務的作用。

因此，否定行為在這個概念的兩個意義上是否定的。一方面是在實際意義上，這個行為沒有發生，另外一方面，在實際意義上沒有發生這個行為是因為就價值標準而言，它是不可接受的。就是說，在價值意義上，它也是否定的。這個行為在實際意義上沒有發生，因為在價值意義上，它是不合理的。[1]沒有發生，是因為這個行為是不好的。否定行為的處境是個非常積極的處境。恰好可以用這樣一個說法來描述否定行為：否定行為就是我應該不去做的行為。因此，這裡的問題是，我應該不做什麼。

否定行為最完整、最適當地體現了作為實踐哲學對象的道德的標誌。在否定行為裡實現了作為理性界限的道德的絕對要求。道德的這些標誌是什麼呢？

第一，否定行為徹底地處在行動個體、道德主體的權限範圍內。我們說過，倫理學家和道德哲學家們的主要努力都指向在人的行為裡找到這樣的東西，它完全依賴於行動的人，在這個活動裡找到自由的領域。否定行為就是這樣的行為，道德主體對它有絕對的權力。實現這樣的行為，除了自己自願之外，不需要任何東西，只需要實現這個行為的決心（решимость）自身。我這裡用了一個說法，就是"實現這個行為的決心"，就是實現否定行為的決心，換言之，不實現這個行為。喬治·穆爾做出過這樣的

---

1. 對於研究俄語的人而言，這是個很好的詞彙遊戲：Поступок не состоялся в фактическом смысле, потому что он не состоятелен в ценностном смысле （在實際意義上行為沒有發生，因為在價值意義上它是不合理的）。

區分，他把道德義務區分為兩組：義務的規則和理想的規則。義務的規則涉及的是行為，是指意圖向行為的過渡，而理想的規則也波及到意圖自身。義務的規則說的是不要做不好的行為。理想的規則說的是，光是不做不好的行為，這還不夠，甚至不能有壞的意圖。喬治·穆爾用一個很好的例子來說明這個問題。這就是摩西十誡，他用到其中的兩條誡命，第七條是"不可姦淫"，第十條是"不可貪戀人的妻子"。第七條是義務的規則，人可以遵循這個規則。這很難做到，但是可以做到。托爾斯泰在《謝爾蓋神父》裡描寫的是主人公謝爾蓋神父與之鬥爭的對象是不去姦淫。為了與自己的欲望鬥爭，謝爾蓋神父甚至把自己的手指剁掉了，但是，結果他還是沒有克制住自己。摩西十誡的第十條要求的是連"姦淫"的想法都不能有，這就無法嚴格遵循了，因為這已經不是人能控制得了的。思想和意念在人的大腦裡出現，不但指好的思想，而且也包括愚蠢的思想，這不依賴於人。因此，否定的行為是義務的規則，它恰好關涉到行為，意圖和意念向行為的過渡，這裡涉及的不是意圖和意念，而是行為的決定，是義務的規則，這就是人對其有徹底權力的東西。如果一個人決定不去做什麼，那麼他就可以不去做這件事,誰也不能強迫他去做這件事,可以把他殺了,但是強迫他去做這件事,這是不可能的。比如,人們強迫布魯諾放棄自己的某些思想,但是他不放棄,最後他被燒死了,但始終沒有放棄自己的思想,在這個意義上,可以說他實現了高尚的否定行為。這是第一個標誌,即否定行為完全決定于道德主體。

第二,否定行為具有普遍意義,因為它們服從規範調節。肯定行為不受規範調節。我們說過,從規範到行為是沒有過渡的。因為規範確認一般的標誌,但行為總是與個別情況有關。從一般的規範無法推導出具體的行為。至於說道德禁令,在這裡,從規範向行為的過渡是可以的,因為這裡沒有個別情況。這裡只有規範,即禁令。個別情況就是禁令的對象,就是我的那些應該在行為裡實現的願望,但由於我的道德決定,它們遭到抵制,被關閉到人的心靈的監獄裡。一般而言,可以把行為呈現為三段論。有一般的大前提——規範,然後小前提是個別情況,結論是行為,即決定。針對否定行為,中間的小前提,即個別情況是不存在的,規範直接過渡到結果,即決定。

第三,否定行為可能是普遍的,但是有界限

的,在這個範圍內,針對禁令(把一定的道德禁令當作規範),人們可以走向一致。問題只在於,就接受某個禁令的問題,作為理性的存在物,人們能否走向一致。一般而言,禁令可以成為人的聯合的基礎。比如,古希臘有個畢達哥拉斯派的聯盟,這是圍繞哲學家畢達哥拉斯形成的複雜組織,是個倫理學的和宗教的組織。這個聯盟的主要聯合基礎是這樣一個禁令,不能吃豆子。這是他們的禁令,這個禁令把他們聯合起來。所以,畢達哥拉斯學派是這樣的人,他們決定不吃豆子,而且,正是這一點把他們聯合起來。對他們而言,吃豆子比殺人還可怕。因此,禁令也可以把人們聯合起來。全部問題在於,禁令能否把作為理性的存在物的人們聯合起來。換言之,是否存在這樣的禁令,它們對作為理性存在物的人們合理地存在而言所必須的,就是說,這些禁令能夠保證人們的合理性的存在。到目前為止,這種在一定程度上普遍的,至少是在被宣佈的層面上,在原則上是普遍的禁令有兩個,即不殺人,不撒謊。它們存在于世界上現存的所有主要世界文化裡,在印度,在中國,在穆斯林文化裡,在摩西的律法裡,在世俗人道主義裡,總之,到處都有這樣的規範,可以合理地對它們進行論證,作為理性的存在物，人必須遵循這些規範。對這些規範的遵循是他們在合理的制度下存在的條件，這是毫無疑問的。然而，這些規範並沒有進入到日常生活、習俗裡，遠沒有被人們絕對地遵循。哲學家和思想家們甚至嘗試為偏離這些規範做辯護。用哲學的方式表達，可以說，它們依然停留在必然性領域，還沒有徹底地過渡到自由的領域，它們沒有成為人類道德存在的事實。

第四，否定行為是基本的，它們沒有歧義地獲得自我認同。在這裡，無法自我欺騙。當我們談及肯定行為時，它們的自我認同是很複雜的。比如，甚至有這樣的事情，在倫理學裡，愛心、慈善事業總被認為是道德的最明顯和最適當的表達方式之一，然而，甚至慈善事業也總是遭到懷疑，比如有人懷疑，慈善事業可能是對某種東西的掩蓋（利用慈善事業作為幌子），是不純粹的良心的表達，在慈善事業的背後並非總是良好動機等。至於說否定的行為，這裡很難自我欺騙。因為一個做出否定行為的人，他總是知道，自己沒有欺騙，或者沒有殺人，沒有傷害某人，因為他克服了自己，知道自己沒有做這個行為。

針對否定行為，人們有時候以為，當我們區分出否定行為,把純粹形式裡的道德等同於否定行為,我們就貶低了道德,貶低了它的精神地位。然而,事實上完全相反,我們提高了道德的精神地位,否定行為是精神上豐滿的狀態。當道德動機獲得統治地位的時候,這是高級的精神狀態。針對肯定行為,就不能這麼說,因為在這裡總是有實用主義的動機。關於肯定行為,我們總是很難說明它們是由於實用主義動機,還是道德動機而獲得實現的,這總是有問題的,總是可以懷疑的。至於說否定行為,通常在這裡是不會出現任何懷疑的。

否定行為的現實作用是什麼呢?否定行為勾勒出人們之間相互關係的空間,在這個空間的內部,所有行為都可以解釋為道德行為。不允許的東西都是由禁令規定的,結果就構成一個空間,在其內部可以實現肯定的行為,並可以把它們認為是道德的。

為了更清楚地勾勒出道德禁令在現實的道德經驗裡的作用,揭示道德禁令和否定行為與肯定的道德規範和行為的關係,就要區分出兩個問題。第一個問題,我所做的哪些事情僅僅是根據道德標準做出的?換言之,完全出於道德動機,我能做哪些事情?第二個問題,我所做的事情是否符合道德標準。對第一個問題的答案是：否定行為。針對第二個問題，可以說，所有的與第一類事情不矛盾的事情，或者說是在否定行為範圍之外的事情，即所有的道德上沒有禁止的事情，就是獲得了道德允許的事情，就是通過道德大門的所有的事情。

這樣，我們就可以談論道德絕對主義，道德哲學，並稱之為否定倫理學。否定倫理學的概念可以與否定神學進行類比。什麼是否定神學？否定神學通過否定的界定來描述（界定）上帝。它說的是，上帝不是什麼。它認為，對上帝存在的任何肯定的證明都是不可能的。我們不能說，上帝是什麼。但我們可以說，上帝不是什麼。否定神學就是對上帝存在的否定證明。根據這個類比，否定倫理學的主要問題就是：我應該不做什麼。這樣的問題就意味著，道德與否定行為是一致的。我們精確一下。至少當道德被看作是絕對的量時，道德就與否定行為是同一的。

否定倫理學的原則是非常有效的。我們看看兩個道德悖論，這是兩個現實的道德悖論。第一個是完善的悖論，其實質是，道德上完善的人總是批判地對待自己，認為自己是不完善的。事實上就是如此，比如我們認為在道德上很高尚的一些人，他們都撰寫過自己的《懺悔錄》,比如托爾斯泰、盧梭等等,這些《懺悔錄》是非常嚴厲的自我批判的形式。可以這樣說,合乎道德的人不認為自己是合乎道德的。這裡的悖論就在於,不完善,或者對自己的不完善的意識被認為是完善的標準。這看上去很荒謬,似乎是胡說,因為不完善不可能成為完善的標準。這就等於說,我在跑,同時我站立不動,而且我站的時間越長,我跑的越快。這當然是荒謬的。但是,如果我們按照否定倫理學的標準來看,那麼,這個荒謬或胡說將獲得非常合理的意義。這時,我們可以說,道德上完善的人是這樣的人,他比所有其他人更多地實施否定行為。如果道德行為是否定的,那麼,道德上完善的人就是比所有人更多地實施否定行為的人。他實施的否定行為越多,就越意識到自己是多麼地糟糕,多麼不完善,因為每個否定行為都是與道德所譴責的動機和願望的鬥爭。在這個意義上,這就類似於一個人清理自己頭髮裡的寄生蟲(蝨子),他找到的寄生蟲越多,他就越為自己所處的狀況感到恐懼。實施道德高尚的否定行為的人也是如此,會發現自己身上越來越多的愚蠢的動機、誘惑,他應該與這些動機和誘惑進行鬥爭。這是一個悖論,我們從否定倫理學的角度,完全可以對它做出合理的解釋。

第二個悖論,一般認為,人不應該誇耀自己善良的事業,不應該為自己善良的事業而自豪。甚至有這樣一個福音書上的真理,善事應該做在暗處。無論如何不應該到處喊叫,看我有多好,做了什麼好事,幫助了什麼人等。這也是不好理解的。如果做事,怎麼能在暗處做,不讓人家看見呢?如果這的確是好事,為什麼要隱藏呢?(福音書上)甚至要求向自己隱藏,那麼,為什麼要向自己隱藏呢?如果我們還是這樣看,道德上的善事是否定行為,那麼我們會看到,人就永遠也不會炫耀這個行為。實施否定行為,這是什麼意思呢?這就意味著,拒絕你已經有的惡的意圖,拒絕欺騙、傷害、殺害某人的願望。他實施這種否定行為越多,他就越多地發現自己的惡的意圖。當然,這樣的人不會因此而高興、驕傲。他不會因為在自己身上消除了這麼多的惡的意圖而感到自豪。他不但不會因為自己所實施的(否定行為)而感到驕傲,相反,他會感到恐懼,因為他本可以實施這些行為。我們可以把這樣的人與差一點沒有被車撞上的過馬路的人對比。他不會因為避免了致命危險而高興,他會感覺到恐懼,因為他很可能被撞死,因此會嚇出一身冷汗。同樣道理,實施大量否定行為的人也是如此,特別是當他壓制自己身上大量惡的意圖時,他就類似于這個過馬路的人。

這就是否定倫理學的觀念,初看起來,這個觀念是很奇怪的,當我們深入思考時,會發現這是個非常有效的觀念。遺憾的是,並非所有的人都理解這個觀念。

第八章 道德的黃金規則

筆者第一次聽說黃金規則是在1970年,我在以洪堡命名的柏林大學進修,查找文獻材料。當時我已經是哲學副博士,副教授,在以羅蒙諾索夫命名的莫斯科大學有五年教齡。這個事實表明,黃金規則的問題在蘇聯倫理學研究和當時的社會意識裡是不存在的。

具有典型意義的是,1965年出版霍布斯的著作《利維坦》,其中有一個地方表述自然法的第二條法則,就內容而言,它與黃金規則是一致的,儘管沒有使用道德規則這個術語。在這個地方有一個注釋:"類似的普遍道德規則遠離現實生活,在客觀上意味著對統治階級意志的鞏固。"[1]

我當時開始對這個問題感興趣,回到莫斯科後為《莫斯科大學學報》寫了一篇文章,主要依據德語文獻。[2]後來我在對蘇聯社會輿論而言更習慣和更權威的文獻裡找到了對這個主題的反映(在俄羅斯革命前作者那裡,比如馮維辛,克魯泡特金,另外,在馬

---

1. Гоббс. Сочинения. М., 1965. Т.2. С. 729.
2. Гусейнов А.А.«Золотое правило» нравственности. «Вестник Московского университета». Философия, 1972 № 4

克思那裡也找到一條引文）。我對道德規則與同態復仇（талион）規則進行了對比分析，補充各民族歷史上的其他材料後，出版一本以對話形式寫得比較通俗的小書，書名是《道德的道德規則》。這本書於1979年在"青年禁衛軍"出版社出版，後來在1982和1988年兩次再版，印數都很大。這本書又被翻譯成多種語言。這些著作的出版所引起的話題被同事們和大眾媒體延續。這樣，道德的道德規則問題輕而易舉和不知不覺地進入我國學術界，這個術語自身在一般人文詞彙中獲得鞏固。

在我看來，黃金規則是最完整地體現道德獨特性的行為公式。在這個方面，最近幾年它再次引起我的興趣，因為我要論證道德行為中假定式模態和否定行為的特殊作用。[1]

除了個人研究偏好之外，在主題選擇上發揮重要作用的還有其非凡的現實性。這個現實性不僅僅是指任何一個永恆問題都固有的那種現實性。還有一個特殊的原因，就是在由文明的、宗教民族的差別所導致的現代衝突世界裡，出現了明顯和極其危險的尖銳

---

1. См. статью «Сослагательное наклонение морали». Вопросы философии. 2001 г. № 5.

化。黃金規則根植於所有發生衝突的文化裡，因此它可以在它們中間組織對話方面發揮特殊的作用。

最早提到黃金規則的是《司書亞希卡訓導》。亞希卡（Ахикар）在亞述王西拿基立（Синахвриб，公元前705-681）時期任職，他教導自己的作為義子的侄子說："兒子，你覺得什麼事是不好的，那麼，你就不應該向朋友做這樣的事"。很有可能，《多比傳》裡的一個說法也可以追溯到這個裡，亞希卡的叔叔多比教導自己的兒子多比雅："……無論何時，都要保持行為端莊。你不願意別人如何對待你，你就不要以同樣的手段去對待別人"（多比傳4：14-15）。

在孔子（公元前552-479）的著作《論語》（15：24）裡，我們可以讀到："自貢問曰：'有一言可以終生行之者乎？'子曰：'其恕乎。己所不欲，勿施於人'。"（論語·衛靈公）

在古代印度文化著名的典籍《摩訶婆羅多（Махабхарата）》（公元前5世紀）裡，傳奇式的智者毗濕摩（Бхишма）臨死之前教導說："一個人如果不希望其他人對他作出這樣一些行為，因為他不喜歡它們，那麼他也不應該向其他人作出這些行為"（第

12卷，第260章）。佛陀（公元前6-5世紀）的一句名言是："他怎樣教誨別人，他自己就應如此行"（《法句經》，第12章，第159節）。

古代猶太教著作裡包含一個關於急性子青年的故事，他準備在這樣的條件下接受信仰，假如能夠非常簡潔地向他表述托拉的內容，以便他單腿站立能將其聽完。他帶著這個問題找到希勒爾（Хилел），後者回答說："如果你自己不希望別人向你作的事情，那麼你就別向其他人作。這是全部的托拉，其他都是注釋"（Schab 31 A）。

先知穆哈默德的聖訓（хадис）之一是這樣說的："如果你希望對自己作某事，那麼你也應該希望對自己的兄弟（在伊斯蘭教裡）作這樣的事。在此之前，你們當中誰都不可能徹底相信。"根據通行的解釋，"不可能徹底相信"的意思是，信仰不是完善的。因此，遵守黃金規則邏輯的行為被看作是完善伊斯蘭教徒的標誌之一。這條聖訓在其真實性上是毫無疑問的，它沒有被重複過（只有一個版本）。但是，有很多注釋，由此可以得出結論，這個規則是在愛的訓誡裡獲得考察的。它所規範的相互關係不是被理解為平均化，而是被理解為承認其他人也有人的尊嚴。

這一點可以由下面幾個例子來證明。有這樣一個規則，可以把財產的三分之一留給某一位繼承人。但是，有這樣的情況，如果遵循這個規則，那麼，其他繼承人就會因為所剩遺產（即三分之二）太少而受窮，那麼，在這種情況下，需要遵循這個規範嗎？回答：不需要遵循，因為經上說……。如果一個人在自己的經營業務上，在自己不知情的情況下，與一個破產者有業務往來，如果你知道了這個事實，那麼你是否應該把這個事實告訴這位當事人？回答：應該，因為如果在你不知情的情況下和一個要殺死你的人上路旅行，知情人也會通告你，因為經上說……。老師對待學生是否應該向對待自己的兒子那樣忍耐、關懷？回答：應該，因為經上說……。在所有這些情況下，作為正確決定的一般道德基礎，都引用上述聖訓。

黃金規則也出現在歐洲文化的早期文獻裡。它可以追溯到"七賢"（公元前7-6世紀）中的兩位——庇塔庫斯（Питтак，"在近人身上令你憤怒的事，你自己不要做"）和泰勒斯（Фалес，對問題"最好的和最公正的生活是什麼樣？"他回答："我們自己不做我們在別人身上譴責的事"）。在希羅多德（Геродот，公元前5世紀）的《歷史》（第三章第142節)裡,梅安德裡烏斯(Меандрий)根據暴君波利克拉斯特(Поликрат)的意願統治薩摩斯,在後者死後,他決定把權力交給人民,所依證據是:"我自己無論如何不去做我在近人身上所否定的事。要知道,我不贊成波利克拉斯特統治與他平等的人……"。在古希臘的哲學道德文獻裡,黃金規則被認為是自然的和顯而易見的倫理合理性的方針,正是在這個意義上,亞里士多德、塞涅卡等人提到了這個規則。

我們可以在馬太和路加的福音書裡找到黃金規則的最充分表述方式:"所以,無論何事,你們願意人怎樣待你們,你們也要怎樣待人,因為這就是律法和先知的道理"(馬太福音7:12)。"你們願意人怎樣待你們,你們也要怎樣待人"(路加福音6:31)。這些說法概括了在登山寶訓裡表述的耶穌倫理學說的主要意思,預先確定了黃金規則在歐洲哲學和文化歷史上的重要地位。

黃金規則持久地進入社會意識之中,成為一種老生常談,幾乎是道德的同義詞。它也成為倫理學的重要問題之一,特別是中世紀和近代的倫理學。在中世紀倫理學(奧古斯丁,托馬斯·阿奎那等)裡,黃金規則在愛的訓誡背景裡獲得考察,被看作是基督教道德學說與自然道德的中間環節。在近代(霍布斯,萊布尼茨等),哲學家們主要把它看作是自然法的規則。

在考察道德黃金規則的起源與最初見證時,有三個東西令人驚訝。第一,相互之間不熟悉的不同思想家們以類似的,實際上是一樣的方式表述了這個規則。第二,在文明之初,在公元前一千年的中間時期就已產生的黃金規則標誌著廣泛的全人類視野,可以說,是一種人道主義意義上的完成性,甚至在我們這個全球化時代對這個完成性也沒有什麼可補充的。第三,黃金規則在不同文化裡幾乎產生於同一個時間,在那個階段,這些文化之間的聯繫是不大可能的,無論如何是沒有獲得可靠確認的。如何解釋這些奇怪的地方?

我們認為,表述上的一致性與黃金規則的基礎性(элементарность)有關。它不但在簡單性、明顯性的意義上是基礎性的,而且在下面的意義上也是如此,這裡指的是早期哲學家們討論元素(原質)的那個意義,他們把元素理解為存在的本原。黃金規則是精神實踐生活的本原,它以這個身份代表一種真理,這個真理似乎是從內部發光,以現成的形式呈現出來。在這種情況下,表述上的一致性也不應該讓我們太驚訝,如同這樣一個事實,比如二乘二一樣,無論在哪裡,無論誰來算,其結果是一樣的。

至於說黃金規則的人道主義意義上的完成性,那麼這裡可以提出如下的解釋。社會理想和人道戰略通常主要是從反面來構建的。它們的歷史穩定性,鼓舞人的力量和價值不取決於它們深深地滲透到未來,再現未來的正確圖景(恰好在這個意義上,在自己積極的綱領上,它們是毫無生命的烏托邦),而是取決於它們與過去決裂,精確地指明與過去斷裂的線索。社會理想和人文戰略的力量不在於遠見,而在於其革命性。針對現實,它們確定一般的批判姿態。黃金規則以濃縮的形式包含倫理的行為戰略,這個戰略是在與原始、前文明(種族、氏族)的生活方式中的道德基礎對比和對立中形成的,這種生活方式依靠兩個基本原則:1)人們之間"自己人"和"外人"的原初和絕對的區分;2)在種族團體範圍內個體的集體責任。黃金規則提供一個道德前景,在這個前景裡,這兩個原則被徹底消除。根據與它們的對比,1)形成人們之間的平等,無論他們的團體屬性如何,以及2

）確定個體行為責任的原則。

黃金規則在不同文化裡同時出現，可以用這些文化所經歷的那些時代在類型上的相似來解釋。這就是所謂的"軸心時代"（雅斯貝爾斯），當時發生的是歷史的人道主義斷裂，形成全人類的文化規範。可以把當時發生的精神革命簡單地表達為人的發現。如果用最簡單的方式表達，那麼人的發現就是確定這樣一個思想，與人的第一個物理本質並列，還存在第二個社會文化的本質。它們之間有著原則上的區別：人的第一個本質不依賴於他自己，第二個本質則依賴於他。人的第二個本質是他的習慣、規範、風俗的世界，這個世界依賴於人們在這樣的領域裡如何建立相互之間的關係，在這裡，所有決定都依賴於他們自己，依賴於他們有意識的意志。

非自然的第二本質在文化裡獲得鞏固，由人與其他人之間關係的特點決定，這個本質的發現對人而言是個巨大挑戰。它意味著，人不是事實，而是問題。正是這一點使人區別於自然界裡的事物。什麼是人，他在世界上的位置如何，這個問題發生過轉變，並且與下面的問題結合在一起，甚至服從它：他應該如何對待自己和世界。如果一切都依賴於人們之間的關係，而它們（這些關係）又是個體在其社會行為裡有意識的積極活動的決定性基礎和主要對象，那麼，如何對它們進行負責任的監督，賦予它們完善的形式，——這是個基本問題，它決定歐洲文化裡哲學人道思考和精神探索的一個主要方向。人們之間關係的道德本質問題成為這個範圍裡的關鍵問題之一。所獲得的答案就實質而言僅僅是對這樣一個基本真理的表達，即文化世界的決定性基礎是人們之間的相互關係。這個答案的實質就在於，這些關係應該具有相互性的特徵。人們之間關係的相互性，他們的社會關係，以及這些關係的人性的簡短公式就是道德道德規則。它把這個相互性解釋為一個人與他人之間的一種關係，他對其他人這樣處事，就如同他希望其他人也這樣和他處事。

在結束道德黃金規則產生的簡短分析和對其最初的歷史見證的概述時，應該指出，"黃金規則"這個術語產生得相對比較晚，最先出現在16世紀英語和德語文獻裡，到18世紀末，該術語就屬於這個具體的規則了。此前，我們所考察的這個道德規則有不同的名稱："簡短格言"、"戒律"、"基本原則"、"俗語"等。

黃金規則教導的是什麼？在回答這個問題之前，我們確認黃金規則的三個不同的表述方式，它們都強調其基本意義（德國教授賴涅爾〈Г. Райнер〉對它們做了區分和具體分析）：

1.別向其他人做你自己不希望的事。

2.自己不要做你在其他人身上譴責的事。

3.你希望別人怎麼對待你，你就這樣對待他們。

黃金規則不考慮個體的全部特點，唯一例外是成為自己行為的原因的能力。黃金規則只與作為主體的人有關，這個主體為他所做的事負責。一般而言，應該指出：個體責任行為領域就是道德（道德品質）的空間。道德把人的存在分為兩部分：一部分是不依賴於他的，由外部必然性決定的，另一部分依賴於他，依賴於他有意識的決定。道德只與人的存在的第二部分有關，關注這樣一個問題，一個人應該怎麼行事，讓自己的有意識選擇指向什麼，才能使得依賴於他自己的那部分生活，第一，以最好的、最完善的方式獲得建立，第二，擁有對他而言決定性的意義，高於不依賴於他的那部分生活，高於通常所謂的命運的變化無常的東西。因此，黃金規則把人看作是對自己的願望（行為）有支配權的，以保證他作為自律主體來行事。

如果更具體地說，那麼黃金規則使個體保證在自己的願望變成行動之前對它們進行考驗，為了讓願望在行為裡實現，要考慮到兩點，第一，這些行為是不是自由的，第二，它們是不是最好的。為此必須解釋清楚，相應的願望對另外任何一個個體而言是否可以接受，這另外的個體也作為自律主體行事。人們是平等的，因為他們都有自律的意志，這個結論可以從意志的自律概念自身獲得。因此，為了解決這樣一個問題，個體的某些具體願望能否被看作是自由選擇的行為，看作是對他的意志自律的表達，就需要弄清楚，它們（這些願望）能否獲得其他個體的認可。

根據黃金規則的邏輯，一個人的行為是道德的，如果他根據自己的這樣一些願望行事，它們可以成為其他人的願望。但是，怎麼知道個體的某些願望能否也成為其他人的願望，能否成為他們已經實現的行為所指向的那些人的願望？黃金規則為此提供非常明確的機制。如果用否定的表述方式，那麼這個機制是嚴格而清楚的。黃金規則禁止人對其他人做他自己不希望的事。它也禁止人自己做他在其他人身上譴責

（指責）的事。這個雙重禁止使得個體可以很容易地對自己的行為作出道德許可。如果可以援引受虐狂或施虐狂這類人學變態的證據來反駁以否定方式表述的黃金規則，這個反駁自身當然根本不是顯而易見的，那麼，這也不能反駁黃金規則的有效性，比如，可以對比一下，如果一個人發生突變，長了兩個腦袋和一條腿，但這並不能反駁如下真理，即人在正常情況下有一個腦袋和兩條腿。針對黃金規則的肯定表述，作為採取決定的依據的不是自己的願望和評價，而是其他人的行為方針，這時的情況要複雜些。在這種情況下，有一個相互對比的機制，其實質是，要用其他人的眼光來看具體處境，就是當下這個行為針對的那些人，獲得他們對行為的贊同。

黃金規則的否定和肯定表述的區別不是實質性的。它們完全可以轉換，一種表述很容易就過渡到另外一種表述。在這兩種情況下，標準就是作為主體的行為個體，他自己為自己制定行為準則。在否定表述中，這是更為明顯的，因為這裡的行為個體自己上升到普遍的道德主體：他把自己的願望和評價標準用於其他人。在肯定表述裡，就不那麼明顯了，因為這裡的一般道德主體下降到行為個體的層次上：他接受其他人的願望和評價準則，目的是弄清楚，它們是否可以成為他自己的願望和評價準則。

因此，黃金規則是相互性的規則。這就意味著：1）人們之間的關係是道德的，如果他們作為個體負責任行為的主體是可以相互替換的；2）道德選擇的文化水平在於把自己置於他人位置上的能力；3）應該實施這樣的行為，它們可以獲得它們所指向的那些人的贊同。

現代歐洲（19-20世紀）倫理學的發展，主要是在康德的標誌下進行的（包括在對康德倫理學的辯護、具體化的方向上，還有對它的批判和否定的方向上）。對道德黃金規則的研究也不例外。其出發點是在《道德的形而上學基礎》裡那段獲得廣泛知名度的注釋，在這裡，他強調把他自己表述的道德規則（絕對命令）與道德黃金規則等同起來是不正確的，他指出來了，從他的觀點看道德黃金規則的不完善之處在哪裡。在分析絕對命令的第二個表述方式時，康德說道："但是，不應該這樣以為，下面那個平常的說法可以成為指導線索或原則：你自己不希望的事，也不向別人做。因為這個論斷儘管有不同的限定，但只是從上述原則裡引出的：它不能成為一般準則，因為它不包含任何針對自己的義務基礎,也不包含對他人的愛的義務基礎(因為有人很希望他人不向自己行善,唯願自己可以擺脫行善),最後,也不包含相互負責任的義務基礎;因為一個罪犯也可以依據這個論斷,反對懲罰他的法官,等等。"[1]康德的反駁可以歸結為三點:黃金規則1)沒有談及為什麼人應該針對自己是道德的,特別是針對他人是道德的;2)沒有保證負責任類型義務裡的關係的相互性,比如:罪犯與法官;3)因此不能成為普遍規則。

1.針對第一個反駁,應該指出,黃金規則的確不回答這樣的問題,為什麼人應該成為道德的。但是,它也不奢望回答這個問題。它只回答這樣的問題,如何成為道德的。它與任何其他道德規則類似,不能把不道德的個體變成合乎道德的個體,它也不提出這樣的目的。它有另外的奢望:幫助合乎道德的個體找到適當的道德決定。黃金規則與這樣的個體有關,他們希望成為道德的,只關注為此找到正確的道路。這裡作個類比是合適的,就是聖書對信徒而言意味著什麼。古蘭經第二蘇拉 (章)是這樣開始的:"這是

---

1. И. Кант. Соч. в 4-х томах на немецком и русском языках. Т. 3. М., 1997. С. 171-173.

無可懷疑的經典,它指引敬畏的人們向前"。

任何經典都不能使人成為宗教信徒。它只是指出這個信仰的道路和秩序。同樣,道德規則也不能使人成為道德的,而是幫助他成為道德的。顯然,這也針對他與其他人的關係。而且,首先是針對這些關係。黃金規則不確定這些關係。它說的是,這些關係的道德特質在哪裡,如何讓人確信這個道德特質。至於說康德的"為什麼"的問題,道德義務的基礎問題,那麼,它針對形而上學思考的領域。它涉及到道德行為的條件,但不涉及道德行為自身,也不涉及道德行為的規則。巴赫金寫道:人在存在裡不能不在場。人不能不實現行為,不能不進入到與他人的關係裡,相應地,規則只能涉及這樣的問題,即如何使得這兩個東西以最好的方式獲得實現。

2.似乎黃金規則不能保證關係的相互性,這個指責的原因是,黃金規則要求個體把自己置於他人的位置上,因此似乎把自己利己主義的願望提升為評價的尺度。針對這一點,有個依據充分的反駁(M.R.Hare; H.U.Hoche),在黃金規則裡談的是在思想實驗過程裡對衝突的理想解決,這個實驗以角色的自由調換為基礎。在這種思想遊戲範圍內,把自己置於他人位置上不僅僅意味著把自己移動一下位置，你在他人的位置上，在另外一個位置上，而是意味著你要進入他人的角色，把自己想像成為帶有其他願望和興趣的另外一個人。我認為，需要擴展這個毫無疑問是正確的論述。在自己的第三個（福音書）表述裡，黃金規則不但要求把自己置於他人的位置上，而且還要求把他人置於自己的位置上，即實現一種位置調換。

如果用在康德的例子上，那麼這就意味著，罪犯不但應該把自己想像成法官，而且也要求把法官想像成罪犯。在這種情況下，罪犯應該把自己置於法官的位置上，但其身份不是罪犯，就是帶有自己由其地位所決定的全部情感和觀念的那個罪犯，而應該嘗試進入法官的角色——不僅僅把自己轉移到他的位置上去，但繼續作為罪犯，而是進入到他的位置裡去，所謂的設身處地，嘗試在法官的邏輯裡思考和行動。這個罪犯針對法官也應該實現同樣的程序，通過奇妙的方式把法官變成罪犯。之所以必須這樣做，是為了讓這位把自己置於法官位置的罪犯嚴肅地理解和認為，他作為法官審判的不是自己，而是他人，因為現在（在這個黃金規則所設定的遊戲裡）罪犯是另外一個人，而不是他。在這個思想上構造出來的新處境裡，如果罪犯合乎邏輯地思考下去，處在正義的領域，那麼他就不能反駁法官。

3.如上所述，康德警告不要把他表述出來的絕對命令這個道德定律與黃金規則等同起來。但是，並不是所有人都同意他的意見。比如，叔本華和尼采認為，絕對命令不包含任何在黃金規則之外的東西。他們把絕對命令"降低"到黃金規則的平常性層次上。有些研究者更加敬重康德的警告，以及他的整個倫理學，他們把自己的努力指向為黃金規則提供一種解釋，找到一種表述方式，它們可以把黃金規則"提升"到絕對命令的層次上去。

這裡有兩條線索上的精確化。第一，建議在道德論斷裡不要局限於願望，因為當願望的相互性成為不可能時，願望可能是非常不同的，所以，在道德思考中要從行為規則和原則出發（M.G. Singer）。[1] "你要向他人做這樣的事，你自己希望他人對你做這樣的事（無論是什麼事情）。"取代這個規則的是下面的規則："針對他人應該這樣行事，你自己（根據同樣的原則或標準）希望他人對你也這樣行事"。在這

---

[1]. См.: *M. G. Singer*. The golden rule. Philosophy 38 (1963). P. 299-301.

裡，"什麼（這樣的事）"被"如何（這樣行事）"取代，具體的物質願望被一般的形式規則取代。第二，建議把相互性的處境普遍化（當然是在思想上），直到這樣一個極限層次，這時，行為所指向的那個人可以是任何一個人。在黃金規則的這些方案中，有一種方案獲得了這樣的表述："如果我希望，任何人在某個處境裡都不這樣行事，那麼我在道德上也有義務在這個處境裡不這樣行事。"[2]由於有了上邊提到的對黃金規則的這些解釋，它的確成為絕對命令的一個變體，無論如何可以希望達到這樣的普遍性層次。但是，它是否會因此而喪失一種活生生的色調，因為這個色調它才擁有有效性？換言之，在成為康德學派的道德學家們可以接受的之後，黃金原則能否成為對普通人而言格格不入的呢？

康德尋找行為的絕對規範，他公正地認為，只有這個規範才能被看作是道德的。在表述這個規範後，他發現，道德規範停留在善良意志範圍內，沒有任何具體意義，僅僅是理性存在物的一種決心，即決心遵循這個規範，不顧任何可能的誘惑和愛好所帶來

---

1. *H.-U. Hoche.* Die goldene Regel. Neue Aspekte eines alten Moralprinzips. "Zeitschrift fur philosophische Forschung" 32 (1978). S. 369.

的阻力,按照義務的動機來行事。康德清醒地指出這些行為的不可能性,並補充道,沒有任何為了義務而作出的行為的例子,這絲毫不能使得義務的動機自身遭到懷疑,相反,只能強調它的純潔性和自律性。實質上,康德在條理上更加清晰地制定和表述了斯多葛學派的一個古老思想,即美德不在於我們具體做什麼,獲得什麼,而在於我們如何對待自己所做的和所獲得的東西。比如,對斯多葛派而言,在倫理意義上重要的不是他是否拯救了朋友的生命,而只是他自己指向這個行為的那些努力。如果說道康德那篇文章《論出於仁慈動機而撒謊的假定的權利》裡的那個引起廣泛爭論的例子,那麼,對康德而言,這不是一碼事嗎?!他尋找並找到一個普遍公式,它是人們之間關係法律調節的倫理基礎,正如有人指出的那樣(在我國文獻裡,這個理解在Э.Ю.索洛維約夫那裡獲得論證),道德絕對命令的真實意義在於,它可以過渡到法律的絕對命令,每個個體都可以利用這個普遍公式來為自己的行為作出論證和證明。

與絕對命令不同,黃金規則回答其他問題,解決其他任務,在這個意義上,當康德請求不要把兩個東西混淆時,他是正確的。黃金規則不回答這樣的問題，純粹和絕對意義上的道德行為如何可能，它回答的問題是，在個體被迫要實施的那些具體（"肮髒的"和相對的）行為的範圍內，如何成為合乎道德的人。黃金規則不涉及關注人類道德狀況的道德學家，而涉及只對自己行為的道德性質感興趣的個體。

上邊強調過，黃金規則擺脫人的一切具體特徵，只關注作為道德主體的人，這樣的主體擁有意志的自律，其出發點是這樣一個假定，在這個身份（道德主體）裡，所有人相互之間是平等的，可以相互替代的。但是，黃金規則不忽視人的具體特點以及與它們相伴的願望。它考慮到它們，而且是在所有個體和處境方面的差別的意義上進行考慮。否則，把自己置於他人的位置上，就會喪失意義。此外，黃金規則確認，人們在差別裡，並通過差別而獲得同一：他們在道德尊嚴上，在建立自己生活的權利上是平等的，但是，他們在自己的經驗生存裡，在如何在現實裡建立自己的生活方面是不同的。黃金規則把這些差別看作是意志自律的結果，認為無論意志有多麼強大，它們都不能懷疑，更不能取消為人們之間關係方面的相互尊重尋找道德理由的必要性。

個體願望的不同可以達到這樣的程度，以至於有可能排除把自己置於他人位置上的可能，針對這個證據，應該承認：它不是個憑空虛構的。（在馬克·吐溫的《王子與乞丐》裡，）那位王子大概很難把自己想像成為乞丐，和那位法國王后（瑪利亞王后）一樣，她無法理解，市民們因為沒有麵包吃就造反，那麼，他們為什麼不吃蛋糕。乞丐可能不太理解王子，因為當王子躺在熱被窩裡，把時間浪費在枯燥的儀式上。對此可以指出，黃金規則不是以任何擁有理性和負責任的意志的個體為前提，而只是這樣一些個體，他們處在積極的相互關係中，在實踐上（在行為裡）處在相互可以接觸的範圍內。靠行為聯繫在一起的人們有能力進入有相互關係的狀態，至少在自己的聯繫範圍內。此外，積極的相互作用要求並可以培養這樣的能力。那位無法理解乞丐的王子完全可以理解自己的貼身男僕，也希望成為被男僕所理解的。那位不理解王子的乞丐有能力理解在王子身邊服務的男僕，並積極地與他發生相互關係。

一般而言，當行為已經發生，那麼個體就喪失了對這個行為的權力。常言說的好，從手裡拋出去的石頭屬於魔鬼。康德認為，只有善良的意志才是無限的善，因此，人的絕對權力局限於他的動機領域。在這裡，康德是絕對正確的。因此，在完整和嚴格的意義上，符合意志自律標準的只有黃金規則的否定表述方式，它說的是不應該做的事。至於說肯定的表述方式，它說的是應該如何行事，那麼，它不考慮行為的這樣一些不確定後果，即無法把它們控制在行為個體負責任的監督範圍內。因此，肯定的表述方式只要求考慮該行為的人性後果——從該行為所指向和涉及的那些人的直接和有意識的可能反應角度來關注該行為。黃金規則要求從相互性標準的角度來權衡行為——就是看看這些行為是否導致斷裂，後者可以破壞與陷入到行為情境裡的人們之間信任和團結的關係。

黃金規則不要求個體尋找普遍的道德公式。它不指向制定道德上合適的要求，個體可以向他人提出這樣的要求，並將其當作評價他人行為的標準。黃金規則的指向與此完全不同。它的使命是幫助個體找到行為準則，以便他們能夠向自己提出這樣的準則。黃金規則為人提供一個相互性的機制，可以認為它是有限的普遍化機制，揭示自己行為準則的潛在普遍性的機制，以便人可以確信自己行為的道德性質。總之，這不是個體可以根據它來評價他人行為的公式，而是這樣的公式，個體可以遵循它，以便在困難處境裡為自己找到道德上正確的決定。黃金規則不回答這樣的問題，他人或者一般的人應該做什麼，它回答的問題是，自己應該做什麼，應該如何做。只有在這個意義上，帶著這個目的，它才能要求人用他人的眼光看待處境。

黃金規則（這也是整個道德的特點）是對命令模態和假定模態的唯一一種結合，在語言學上，這一點在它的公式裡已經獲得確認。一方面，黃金規則包含絕對和無條件的"你們要行動！"，這是針對做出行為的人。另一方面，我們在其中可以聽到相對的，完全是假定式的"你們希望（打算）"，其對象是你所希望的，所想像的他人的行為。在這個規則的範圍內，他人的行為象徵著規範的相互性（普遍性），它被包含在黃金規則的表述裡，通過假定模態，作為假設的條件，這是決定自己如何行事的必要條件。他自己應該做什麼，這個決定是在單一意義的命令形式裡形成的。

為了使個體可以表達自己對待他人行為的道德特質的態度，黃金規則提出假定模態。為了使得個體能夠表達對待自己行為的道德特質的態度，黃金規則提出命令模態。至於說他人行為的道德意義，我們只能在思想上假定、希望、願望，因為這在我們的權限之外。至於說自己行為的道德意義，那麼這個意義徹底地依賴於我們，絕對性在這裡是完全合適的。我們可以，也應該絕對地要求自己。我們不能，也不應該向他人提要求（這裡說的顯然是道德要求）。我們能夠和應該向他人提出的唯一嚴肅和負責任的道德要求是：做出我們的行為，僅此而已。

黃金規則裡包含的基本邏輯就是如此。黃金規則說的是人與其他人之間道德上經過核准的關係。這裡的具體化就在於，1）愛的訓誡在道德義務的意義上獲得強調；這裡要求：人接受這個訓誡，不是在他宣佈愛的訓誡、發誓忠實於它、將其當作普遍規範的時候，而是當他在自己的行為裡遵循這個訓誡的時候；2）這裡提出一個機制，它使得個體可以確定，他的行為在多大程度上符合該訓誡。

從差別角度看，經過黃金規則與康德的絕對命令的對比，黃金規則的實質便可以很好地和清晰地呈現出來。

1）康德的絕對命令是道德規範。它說的是，成為一般而言的符合道德的,意味著什麼。道德的黃金規則是行為準則。它說的是,一個具體的人在具體處境裡如何成為符合道德的。它們之間的差別大致如同牛頓慣性定律與大街上的交通規則之間的差別。根據牛頓慣性定律,在另外一個物對給定物體發生作用之前,給定物體處在靜止或勻速運動狀態,而大街上的交通規則協調城市汽車靜止和運動的狀態,以防止汽車相互之間發生碰撞。

2)絕對命令只承認義務動機是應當的動機,義務動機被理解為對道德律令的尊重。絕對命令說的是,如果人們只遵循道德律令,那麼,它們會如何行事。當然,在現實裡,他們從來也不會這樣做。黃金規則與人們的現實願望(行為方針)有關,用康德的語言說,與他們的行為準則有關。它說的是,現實動機在多大程度上符合義務動機。

3)作為自由的律令,道德律令這樣看待人的行為,似乎它們是對人的意志自律的徹底表達。作為行為規則的黃金規則在看人的行為時,考慮到它們的這樣一些最近後果(來自於行為指向的那些人的反應),它們位於他的個體負責任的行為領域。

4）絕對命令是邏輯公式，它主要依靠矛盾律。黃金規則是行為圖示，它依靠相互對比的社會心理機制。

黃金規則的特點就是如此。包含在黃金規則裡的道德思維和行為的圖示是對人們之間關係的日常現實經驗所做的概括。這是個積極的、可操作的圖示，人們每天都非常成功地實踐它，包括這樣的人，他們從來沒有聽到過黃金規則，也沒有聽到過圍繞它而進行的那些爭論。如果我們想要解釋和證明自己的行為，這個行為是他人不喜歡的，比如，我們作為領導向下屬解釋，為什麼我們不能滿足他的要求，這時我們會說："請您站在我的位置上"。當我們看到，一個人掉進他為別人挖的坑裡時，根據著名的諺語，我們認為這是公正的，甚至自己會高興。當我向朋友徵求建議，在困難處境裡如何行事，比如，是否接受有誘惑力的，但可能帶來風險和損失的調換工作，但是，他卻拒絕提出建議，認為作為當事人的我應該自己解決這樣的問題，那麼我就會說："那就請你告訴我，假如你處在我的位置上，你會怎麼做？"如果我們表達對某個行為的不認同，認為它是不能容忍的，這時我們就問："假如人們也這樣對待你，那麼你會喜歡嗎？"所有這些都是示範的例子，這時，我們根據道德黃金規則的邏輯思考和行事。黃金規則深深地根源於個性間關係的實際經驗，是其普遍的，道德上發揮限制作用的圖示，正是這一點決定黃金規則在歷史上如此長壽，也決定了它在人類文化中的特殊地位。

最尖銳和歷史規模最大的現代性問題之一是文明與文化對話問題，這個對話能夠成為針對富有侵略性的全球化政策的實際對立物，借助於這種全球化，西方想要按照自己的形象和樣式使全世界統一。這樣的對話事實上是複雜和矛盾的過程。對話的可能性完全不是顯而易見的。應該揭示、創造、目的明確地培養這樣的可能性。當談到全球背景中的文明文化對話時，它們在質上的差別就獲得了承認，而且這裡說的是，要找到通向它們在統一世界裡共同的、相互補充的存在的道路。沒有差別的對話是不存在的。這是非常明顯的。同樣明顯和重要的還有另外一點：如果沒有一些共同的根本原則，那麼，文明文化對話也是不可能的，因為只有這些根本原則才能夠製造諸文明文化之間對話的空間。在這方面，道德黃金規則有特別重要的意義，它根植于現代文化世界的所有觀念裡。

黃金規則是不同的文化文明傳統的精神實踐的公分母，因此，也是它們之間相互理解的保障。在消滅差別時，無論如何不要求這種相互理解。因為黃金規則是人際關係的這樣一個核心，它允許這些關係的各種不同的組合，其唯一條件是，不能懷疑人際關係自身的價值，這些人際關係的代表是每個個體成為這些關係的負責任主體的權利。在黃金規則裡積累下來的人類經驗見證人際關係中龐大的道德潛力，人際關係是個體負責任行為的優先領域。由此可以獲得一個重要結論：在克服文明間（文化間）關係中破壞衝突的潛力方面，歷史上獲得檢驗的和有效的主要線索之一就是要把這些關係從團體間的形式轉移到個性間的形式上去，這時個體不代表誰和什麼（組織），而是代表他們自己。

第九章 哲學是文化的烏托邦

哲學在今天主要被理解為對待世界的一種特殊類型的認識態度。這種理解顯然是正確的。哲學首先研究理性地理解世界的原則上的可能性。因此，哲學一方面區別於宗教，宗教訴諸於啟示，另一方面也區別於科學，科學旨在獲取具體的、對象性的有限知識。然而，哲學制定理性的規則，而不僅僅認識世界。哲學還談論世界的完善，世界的理想改造的可能性、界限和途徑。人們有時候說，哲學教人正確地思考。道德主義者們說，哲學還教人如何正當地生活。這兩個說法都對，但對哲學而言，這都不是其特有的東西。不僅僅哲學教人如何正確地思考和正當地生活，比如，除了哲學邏輯外，還有數學邏輯，除了哲學倫理學外，還有各種形式實用的道德說教。哲學把這兩個東西結合起來，也許，只有哲學能這樣做。就是說，哲學教人在正確思想的範圍內，借助正確思想的手段去過正當的生活。

"哲學"一詞的直接意義是人所共知的：愛智慧。但很少有人思考這個詞應有的意義，包括那些受過哲學訓練的人。為什麼哲學的對象領域是對智慧的愛，而不是智慧自身？希臘最初的幾位教師就這樣認為的，即哲學是愛智慧，而不是智慧自身，他們被稱為"七賢"，還有聰明機智、能說會道的美德教師們也這樣認為，他們自信地以"智者"自稱。這一點不能僅僅解釋為希望在用詞方面更嚴格，更不能解釋為哲學家們的人性謙卑。這裡說的是對一種活動類型自身的另外一種理解。當時人們以為，智慧是諸神的屬性和財富。人只能去愛智慧，選擇智慧為最高的和不可企及的生活目標。智慧不僅僅是哲學家們渴望理解的東西。智慧也是哲學家愛好的東西，是構成其強烈情感的東西。

公元前6-5世紀出現在希臘城邦裡的哲學家們從一開始就被周圍人看作是奇奇怪怪的人。他們的怪異不僅僅在於他們對遙遠的和不可見的事物感興趣，比如他們非常關注天上的事情，或者，覺得光看見美麗的物體是不夠的，他們還想要知道什麼是美自身。他們的怪異還表現在另外一點上：遙遠的和不可見的事物對他們而言比近處的和可見的事物更重要。哲學家們的出發點是另外一種價值秩序，他們過著另外一種生活。哲學思考就意味著練習死亡，柏拉圖如是說。

練習死亡對他而言就意味著訓練把靈魂與肉體分開，按照永生靈魂的要求生活。總之，哲學多於一定類型的知識。哲學同時還是一種生活方式。在引起哲學產生並構成哲學內在動力的諸動因中，追求完善生活的道德熱情發揮著特別重要和不可替代的作用。

作為一種類型的認識，哲學的獨特性就在於，其中包含的認識行為同時可以成為倫理行動。哲學表明，思想與意義相關，思想可以變成意義，並依賴于意義。如果考慮到認識論與倫理學的這個統一，那麼可以把哲學定義為獨特的文化烏托邦（своеобразная утопия культуры）。

一

當我說哲學是文化的烏托邦時，想要指出兩個方面：一般方法論方面和倫理學方面。

哲學的一般方法論地位或理論地位實質上取決於這樣一點，即哲學建構某種理想的世界樣式，這個樣式就是整個文化的空間，文化在其中分化成各種不同的形式。在這個意義上，哲學為文化提供一個理智、精神的前景。人類活動的合理性與合目的性的特徵不僅僅以關於世界的一般觀念為前提，人類活動就在這個世界裡發生。這個特徵還以理想、完善的世界樣式作為自己的前提，這個樣式能夠為世界提供內在的完整性。每一種具體的文化形式都在人為提供的空間裡存在：戲劇在劇院裡，科學在實驗室裡，體育在運動場裡，等等。除了這些具體的空間之外，在它們之上，對整體文化而言，還需要一個認識活動的空間。這個空間就是由哲學提供的。哲學用理性的範圍來限制活動，將其聚焦於一個高度，這個高度可以被證明是最高的和完善的。哲學家們確信世界是有秩序的、和諧的和不可毀滅的整體，他們製造了一個"宇宙秩序"，在此基礎上，他們做出了兩個原則上的劃分：第一，他們把世界不變的和有規律的實質（"水"，"邏各斯"，"太一"等等）與世界的表面，以及其中易變和暫時的現象區別開，即把思想的東西與感覺的東西區別開。第二，他們把人的意願領域（風俗、習慣以及其他人類規範）區分出來，即依賴於人自身並有可變本質的那些東西，它們區別於不可避免地要發生和沒有歧義地要發生的東西。借助於這些劃分，在自然界的必然性之外，在自然界的必然性之上，透過這個必然性，又區分出自由的領域，這是人在其中享有充分權力的領域，它使人能夠賦予自己的生命以意義，他認為這個意義是合理的和最好的。

哲學提供人類合理存在的空間，其途徑是回答這樣一個問題：如果世界專門為這樣的目的（合理存在的空間）而被造的，那麼世界應該是什麼樣。哲學製造（建構）理想的世界樣式，這是一個按照人類理性尺度而被造的世界。因此，哲學提供一些合理的、有意識的人類生存參數，這種生存同時是一種負責任的生存，即人理解這種生存，並準備為它負責。很明顯，這種世界樣式可能是烏托邦式的。在這個意義上，一切哲學都是烏托邦。

哲學能夠為文化提供烏托邦坐標，但不是在它建構本意（狹義）上的烏托邦的時候，即不是在描繪它所看到的未來的時候。哲學家也可能不去建構這類烏托邦。此外，不僅僅是哲學家迷戀烏托邦，今天，通常不是他們在迷戀烏托邦。當哲學家們創立自己學說和體系的基本原理時，他們才建構自己的烏托邦。比如，柏拉圖是個具有烏托邦情懷的人，但不是在他描繪社會理想狀況和撰寫《理想國》的時候。他的烏托邦性首先體現在關於理念的學說裡。因為理念論不但是追求對世界的完全符合（真實）的認識的本體論建構，而且也是向真正的、美好的和善的世界上升的倫理綱領。

斯賓諾莎說，實體有無數的屬性，我們只知道其中的兩個。[1]萊布尼茨建立了自己的單子論。康德在現象世界背後看到本體世界。黑格爾的絕對理念邁著堅定的步伐走向自身。難道這一切不是烏托邦式的建構嗎？！有誰看見過單子、實體、物自體、絕對理念呢？與此同時，在每個個別情況裡，難道他們不是在建立理想的世界樣式，不是在把意識空間封閉起來，以便人能夠感覺到自己是自信的、受保護的，以便他能夠在思想上發展自己的可能性嗎？哲學並不僅僅局限於建構世界的理想模型。它還使自己對世界的理解變成制定人類行為的絕對基礎，哲學家們自己通常是在這些絕對基礎的道德義務的意義上來理解它們。在"我應該做什麼？"這個問題裡，"我"指提出問題的那個人，對這個問題的回答包含在哲學的專門對象裡。這個答案直接關係到哲學所建構的世界的理想樣式，這種關聯的方式如下，即可以把該答案看作是結果，在同樣程度上也可以看作是原因。世界的哲學樣式不但勾勒所希望的未來，而且必然是積極的

---

1. 廣延和思維。——譯者注

未來，這個未來是一種道德規劃，是合理生存的前景。

托馬斯·摩爾把烏托邦想像成一個島。哲學就把宇宙自身描繪成這樣的一個島。黑格爾說，哲學產生於內在追求與外在現實之間的矛盾與斷裂。他認為，哲學在思想領域裡尋找避難所。與無法使人滿足的現實世界對立，哲學在思想上建構一個理想的王國，這個王國建立在另外的認識基礎和價值基礎之上，它們為人提供新希望，向他展開新的前景。這個觀點在今天也是正確的，甚至比2600年前更加正確，那時正在誕生的哲學"創立了"宇宙秩序，以取代混亂，並開始尋找宇宙秩序的簡單基礎，這個基礎無處不在，並且具有調節功能。

從實踐角度看，哲學就是一條指向人與社會的道德完善之路。它把對世界的理解變成對美德生活綱領的制定。在古代的時候就形成了一個關於哲學的觀念，即哲學是三部分的統一：邏輯學、物理學和倫理學。此外，倫理學在大多數情況下都是具有組織功能的中心和終極目的，其他兩個部分為了這個目的而存在。從那時起，哲學的結構複雜化了，其主題也擴展了。但是，這三個部分的劃分作為哲學的基本結構一直有效。

在研究自己的學說,使它們達到倫理綱領的層面時,哲學家們也解決了自己道德完善的個人問題。他們在道德義務的意義上考察自己的學說。哲學在文化裡的特殊地位依賴於這樣一點,即哲學培養一種正當的生活方式,這個方式的目標是理智和精神的價值。在赫拉克利特那裡有個片段是這樣說的:"我尋找自己"。[1]在1969年的一次採訪中,記者向海德格爾提出一個問題,什麼是哲學。他回答說:"哲學就是自主地和創造性地生存的稀有可能性中的一種可能性"。海德格爾說的不是同樣的東西嗎?!

二

這樣,哲學的使命就是建構世界的理想樣式以及在其中的理想生存方式。哲學的歷史樣式,首先是其在質上不同的階段——古代、中世紀和近代——實質上是由這樣一點決定的,即哲學如何實現這些任務,它向人們提供什麼樣的烏托邦,什麼樣的超級目的。

---

1. 在M.Marcovich彙編中是第15段,在H.Diels彙編中是第101段。——原注

古希臘哲學家們的出發點是這樣一種信念，即人類的完善可以借助哲學來實現。在大多數情況下，他們把作為直觀活動的哲學自身看作是人類幸福的最高形式。在古代，哲學事實上是不是聯合社會意識的基礎，我們對某些思想家們的評價是不是符合其同時代人的理解——這是個懸而未決的問題。無論如何，有一點始終是無可爭議的：哲學把自己看作是精神努力的最高集中，這些精神努力的目的是賦予人類生存以完善的意義。這不是哲學的自負。這是哲學的功能、使命。哲學就是為此而產生的。在傳統上把"哲學"一詞的出現與畢達哥拉斯的名字聯繫在一起。關於三種生活方式的古典觀念就源自於他：即感性的、行動的和直觀的方式。在描繪它們之間的區別時，畢達哥拉斯派信徒說，在參與奧運會的人中間，一些人是為了做買賣，另外一些人是為了參加比賽，第三類人是來觀看比賽的。第三類人就是哲學家，他們推行一種特殊的生活方式：直觀的、理論的和精神的生活方式。哲學家們發現了人類幸福的新維度。當蘇格拉底在法庭上向希臘人解釋自己為什麼懷疑習慣的生活形式時說道，他不能按照另外的方式做，他感覺到自己有這個使命，似乎他是"神指派來的"。古希臘所有哲學學說都有道德淨化的熱情，不過，這個熱情最充分、最徹底、最明顯地體現在新柏拉圖主義那裡。普羅提諾提供一個有關人們上升（返回）到太一的神聖高度的多層次圖景，其最後一個環節是他自己的哲學。哲學不僅僅指出拯救的途徑，它自己就是這個途徑。在以後的諸時代，如我們看到的那樣，哲學克制了自己的自負，即使是在涉及到道德提升的可能性時，它也不再覬覦首要角色和主導途徑。以後各時代都是如此。但在古代希臘羅馬，哲學堅信自己解放使命的獨特性和唯一性。

我前面提到，古代人提出哲學的三部分結構的理論，把倫理學放在其中（和物理學和邏輯學並列）作為必要和實質的部分。現在應該補充一點：在他們看來，倫理學比哲學的一個部分（方面）要多一些，倫理學是哲學的焦點，終極目的，是哲學中最好的東西。

生活在公元後二世紀的古希臘哲學家賽克斯都·恩披裡柯有個形象的說法，他把哲學比作雞蛋，倫理學就是蛋黃，物理學是蛋白，邏輯學是蛋殼。他把哲學比作人的身體，倫理學就是心臟，物理學是肉體，邏輯學是骨骼。他把哲學比作果園，倫理學就是果實，物理學是樹，圍欄的角色則由邏輯學來扮演。這是些多麼出色的類比！倫理學是哲學的中心，這個中心就是哲學指向的那個點。倫理學是哲學的結果、完成。哲學自身將成為倫理學，變成倫理學。這個轉變是按照下面的方式發生的，即通過物理學和邏輯學所實現的對世界的哲學認識原來就是人的內心改變，人因此獲得智慧，最大限度地接近智慧。

在中世紀，哲學在與神學的直接相關性中存在，與神學結成夥伴。哲學在中世紀文化中的地位，在更大程度上還有中世紀文化的精神結構，通常是由這樣一個精煉的說法決定的："哲學是神學的婢女"。這裡強調的是對哲學的貶低，甚至是對哲學的雙重貶低：一方面哲學從皇位上被推翻，另一方面哲學被降低到為神學效勞的角色。但這並非全部真理。可以理解，神學為什麼需要哲學的服務。神學需要這些服務是為了使宗教世界觀在人們的頭腦中紮根，為了用理性的證據來鞏固啟示。那麼，哲學為什麼同意了這個不平等的聯姻呢？

哲學通過宗教填充在自己的"世界秩序"裡形成的道德真空。基督教的天國烏托邦與日常的教會組織結合在一起，在生活的道德定向方面，它們比哲學所提供的東西更加實在和有效。哲學喪失了道德實踐的完善形式的價值，因此迷失方向。除了喪失倫理功能外，哲學還喪失了鼓舞其在理智和認識方面做出努力的基礎。真理的熱情靠火熱的道德熱情來支持。所以，在哲學熱情與道德熱情分離的情況下，只有與宗教結合，哲學才能存在。哲學還保留著認識的功能，哲學被還原為邏輯學和物理學，倫理功能歸給了宗教。然而，由於哲學把倫理學作為自己不可分割的一部分納入到自身，那麼可以說，由於宗教是道德理想的載體，所以宗教就是哲學的必要補充。

在對中世紀而言非常典型的角色劃分的框架下，哲學與宗教似乎構成了統一的認識-倫理構成物。神學是哲學的烏托邦式的延續。神學擔負起決定哲學道德熱情和目的的所有問題。哲學把自己的任務局限于思維技巧上。這是一種統一的精神綜合體，其中關於活動的意義和目的問題歸神學管，人力所及的達到這些目的和意義的手段問題歸哲學管。

哲學在近代所經歷的實質性改變決定了哲學的歷史獨特性。這個改變就是哲學擺脫了神學和宗教，與正在誕生的科學結盟。哲學在很大程度上促進了近代科學的形成及其在社會價值體系中的巨大威望。當然，誰也不能準確地確定這個程度到底有多大。但是有一點是十分明顯的：有許多因素決定了科學在社會中占主導地位，在這些因素的體系中，哲學是一個必要的元素。哲學創造出三個基本觀念，它們開啟了科學時代：1）自然界的自足性觀念；2）科學方法是通向知識的普遍道路的觀念；3）科學技術進步和社會進步的觀念，這個進步能夠實現人的無限潛力。

根據已經確立的觀念，哲學與科學在本體論與認識方法論方面是相互作用的。這個論斷不會引起懷疑，因為其背後有嚴肅而深刻的研究作為保證。但是，該論斷是不全面的。我甚至認為，它沒有能夠揭示出哲學與科學在近代所形成的那種聯盟的全部特徵。在此之前哲學就曾與科學建立友誼。在通常情況下，哲學的和自然科學的世界圖景構成一個不可分割的整體。哲學總是追求證明的知識，追求判斷的實際可靠性和邏輯上的強迫性。從歐洲思想的亞當——泰勒斯開始，科學家與哲學家集于一身的情況非常典型。傳統上哲學被認為是理論知識的同義詞，直到17世紀之前，哲學系一直把自然科學和數學學科納入到自己的教學大綱裡。要知道，哲學就是作為自然哲學而產生的。隨著與哲學不同的，依託自己的實驗基礎和理論基礎的現代科學的誕生，情況顯然發生了變化，而且在實質上不同了。哲學面臨著新的挑戰、問題和困難。然而，這些挑戰、問題和困難並沒有觸及哲學對科學理想的忠誠。

科學的哲學恩准是唯一可靠的認識方法，這個恩准對哲學的自我意識以及科學的自我意識都具有重大意義，對它們二者之間聯盟的意義就更大了。無疑，對真理的熱情曾經把哲學和科學結合起來，現在仍是如此。但是，把哲學和科學結合起來的不僅僅是對真理的熱情。還有一個經常被忽略的非常重要的方面。科學帶來了知識的光明，作為一種繼續，它同時聲明自己是一種力量，而且也被理解為一種力量，即能夠改變世界的力量，其改變的方式是這樣的，即使得人們能夠實現自己對完善和幸福生活的追求，而且是具體地實現這個追求。正是這一點決定性地預先確立了科學在社會意識中的主導地位。科學在近代歐洲文明裡所佔據的地位類似于宗教在傳統社會中的地位。發生這種情況還是由於同樣的原因：科學從宗教那裡攫取了道德提升力量的功能，並為此提供一條（與宗教）直接對立的道路。科學許諾人間天堂，而不是天上的天堂。哲學現在侍奉科學去了，與當初為神學服務時相比,哲學似乎更加徹底,更加情願地為科學服務。無論如何,中世紀哲學家們沒有採取教義手冊的形式去寫自己的著作,在這方面他們與近代哲學家不同,後者有時按照數學的樣板來寫自己的著作。

聖經上說:認識真理,真理會讓你們獲得自由。[1]但這是在另外一個時代說的,就另外一個理由說的。不過,此論斷完全符合這樣一些社會期待,近代把這些期待與科學聯繫在一起,它們在科學的哲學形象裡得以實現。根據這個形象,科學是知識,作為知識,科學就是力量。科學的結果不是對永恆實質的認識,如古代哲學以為的那樣,而是去認識成功地被改變的和日益興盛的世界。我認為,要理解新的價值規範以及哲學與科學之間聯繫的新類型,培根這個人物很能說明問題,他是近代精神性公認的奠基人。培根寫過《新工具》,在其中他用經驗自然科學的新方法對抗作為中世紀經院哲學基礎的亞里士多德的舊工具。他還寫過《新大西洲》,在這裡他描繪了經過技術改造後的世界裡的幸福生活。和我們每個人一樣,培根也有兩隻手,但《新工具》和《新大西洲》這些

---

1. 參見:《約翰福音》8:32。"你們必曉得真理,真理必叫你們得以自由。"——譯者注

作品，他是用同一只手寫的。　順便指出，俄羅斯宇宙論的精神解放規劃，比如，費奧多洛夫的復活祖先，或者齊奧爾科夫斯基努力使諸天體適合人居住，儘管它們都帶有時代和民族思維方式的烙印，但就其實質而言都表達了鼓舞培根和近代哲學與科學其他奠基人的那種信念和情緒。總之，哲學向人們提供了科學、科學方法，提供了一種新烏托邦，即按照科學的準則改變生活，提供了通向幸福國度的道路。

今天的哲學處境，準確地說是整個時代的精神處境，取決於下面一個基本事實。科學技術進步和具有科學指向的社會變革獲得從前（甚至在一兩百年以前）連想都不敢想的成就。這些成就超過了哲學家們的所有期待。然而，它們沒有把人們帶進哲學所期盼的天堂、完善的生活。不但如此，獲得實現的烏托邦變成了反烏托邦。

哲學面臨的問題和當代社會面臨的問題是相同的。哲學與當代社會都缺乏理想的前景。沒有一種無所不包的，在哲學上被認識和證明的理想作為前景，這樣的前景能夠鼓舞人們在實踐上做出努力去完善生活的諸形式。把希望寄託在借助於科學和技術的手段對世界進行成功的改變，這個舊烏托邦崩潰了。新烏托邦還沒有創造出來。因此形成這樣一種印象，世人打算去習慣縮短的和不完善的人間生存，哲學準備在沒有形而上學和向超驗突破的情況下湊合下去。這可能嗎？世界不打算成為完善的，其中沒有烏托邦的位置，那麼在這樣的世界裡有哲學的位置嗎？如果哲學拒絕構建人和世界的理想模型，那麼哲學自身能否成為富有成效的？可以認為，當代哲學的危機就在這一點上，即拒絕烏托邦，喪失道德提升的熱情。這個危機的事實自身間接地證實了一個思想，即哲學的生命力就在於其精神建構的超生活性。關於哲學未來的問題就是關於哲學能否重新發現這個未來的問題——構建新的理想，新的烏托邦。